室内设计材料手册

功能材料

理想·宅 编

化学工业出版社

·北京·

内容提要

本书将室内功能材料进行了精心的整理，将其划分为保温材料、消音材料、防水材料和防火材料四个章节，内容力求全面。每种材料均从其特点、分类和施工三个方面进行详细的解析，与众不同的是，在施工部分，对每种材料相应的做法配以彩图或 CAD 图，更加直观易懂，避免枯燥，用以满足读者对实用性的需求。

本书不仅适合建筑装饰专业的在校学生、初入行的新人设计师和对材料知识有需求的从业设计师阅读，也可供对建筑装饰构造有兴趣的家装业主参考。

图书在版编目（CIP）数据

室内设计材料手册. 功能材料/理想・宅编. —北京：化学工业出版社，2020.8

ISBN 978-7-122-37155-3

Ⅰ. ①室… Ⅱ. ①理… Ⅲ. ①室内装饰设计-功能材料-手册 Ⅳ. ①TU56-62

中国版本图书馆CIP数据核字（2020）第094104号

责任编辑：王　斌　邹　宁　　文字编辑：冯国庆
责任校对：宋　夏　　装帧设计：王晓宇

出版发行：化学工业出版社（北京市东城区青年湖南街13号　邮政编码100011）
印　　装：凯德印刷（天津）有限公司
787mm×1092mm　1/16　印张11　字数220千字　2020年9月北京第1版第1次印刷

购书咨询：010-64518888　　售后服务：010-64518899
网　　址：http://www.cip.com.cn
凡购买本书，如有缺损质量问题，本社销售中心负责调换。

定　　价：78.00元

前 言

材料，是实现设计的物质基础，没有材料，一切设计都是空谈，都无法实现。材料是一个较为专业性的问题，这门学科的体系非常庞大，作为设计工作的必备的物质基础，设计师必须熟知各种材料的特点、性能、施工等知识，并能熟练地应用到设计中，才能使设计作品呈现出独特性和时代性。但因学校内的教育更注重于理论知识的学习，对于材料这类实践性的知识，很多设计师却知之甚少。作为设计师非常重要的一种工具，材料知识的获取主要有两种渠道：一是依靠设计师在走入工作岗位后花费时间来进行积累；二是通过阅读书籍来获取材料的知识。第一种渠道可使材料的应用更加得心应手，但时间是相当漫长的，可能会伴随着整个职业生涯。而第二种渠道则要快速很多，但容易空有理论知识而缺乏实践知识，因此所选择的材料书籍，其全面性和实用性就显得非常重要。

本书由“理想 · 宅 Ideal Home”倾力打造，在编写时，从庞大的系统中对材料进行了反复的研究，结合行业内设计师们的经验，确定了材料的分类体系，且从设计师的实际需求出发，较全面地覆盖了室内常用材料的各个方面，将整套书籍分为饰面材料和功能材料两部分。

本书内容为功能材料，共分为保温材料、消音材料、防水材料和防火材料四个章节。每种材料均从材料的特点、分类及施工三个方面进行详细的解析，并将材料的施工作为解析的重点，以彩图或 CAD 图的方式表现出来，力求更生动地将设计师最为关注的施工做法讲解清楚，帮读者全面认识和掌握材料的应用。

本书不仅适合建筑装饰专业的在校学生、初入行的新人设计师和对材料知识有需求的从业设计师阅读，也可供对建筑装饰构造有兴趣的家装业主参考。

由于编者水平有限，书中不足之处在所难免，希望广大读者批评指正。

编者

目录
CONTENTS

CHAPTER ONE **第一章**

保温材料

保温材料是指具有一定保温、保冷作用的材料，在室内空间中，可以起到均衡室内温度的作用。

室内保温材料也叫作隔热材料，是指对热流具有显著阻抗性的材料或材料复合体，热导率在 0.0067W/（m · K）以下。保温材料具有保温、保冷作用，可节约能源并减少环境污染，可用在顶面、墙面及地面等部位。

1980 年以前，我国的保温材料发展十分缓慢，生产厂家为数不多且技术也较落后，无论从产品品种、规格还是质量等方面都不能满足使用需求。改革开放后保温材料进入快速发展阶段，其发展方向主要体现在以下几个方面。

品种更齐全：保温材料经过近 20 年的高速发展，已形成了由膨胀珍珠岩、矿物棉、玻璃棉、泡沫塑料、耐火纤维、硅酸钙绝热制品等产品为主的品种比较齐全的产业。

技术、生产装备水平有所提高：随着保温材料产品需求的扩大，对保温材料的性能要求也逐渐提升，因此，行业技术和生产装备的水平也得到了较快的发展，这也进一步促进了新产品的不断出现，形成行业内的一种良性循环。

憎水性的研究：保温材料吸水后不仅会降低其保温隔热的性能，还会加速对金属的腐蚀，而目前市面上的大多数保温材料吸水率都较高，影响了使用效果和寿命。因此，憎水性必然是我国绝热保温材料重要的研究方向。

室内所用的保温材料，可分为有机材料和无机材料两种类型，分类与用途如下。

室内保温材料			
有机材料类	聚苯乙烯泡沫板	模塑聚苯板、挤塑聚苯板等	用途：墙壁、地暖
	胶粉聚苯颗粒保温砂浆	—	用途：墙壁
	硬质聚氨酯泡沫材料	高压发泡板和低压发泡板	用途：墙壁、地面
	酚醛泡沫保温材料	酚醛泡沫板和改性酚醛泡沫板	用途：墙壁
	软质纤维板	—	用途：天花板、墙壁、地面
	纸纤维素（回收纸）	—	用途：墙壁
无机材料类	岩棉（保温毡）	1200mm×600mm×30mm ~ 1200mm×600mm×100mm	用途：天花板、墙壁
	玻璃棉	不同厚度的玻璃棉	用途：天花板、墙壁
	保温涂料	内墙保温涂料	用途：墙壁
	无机保温砂浆	玻化微珠保温砂浆	用途：墙壁

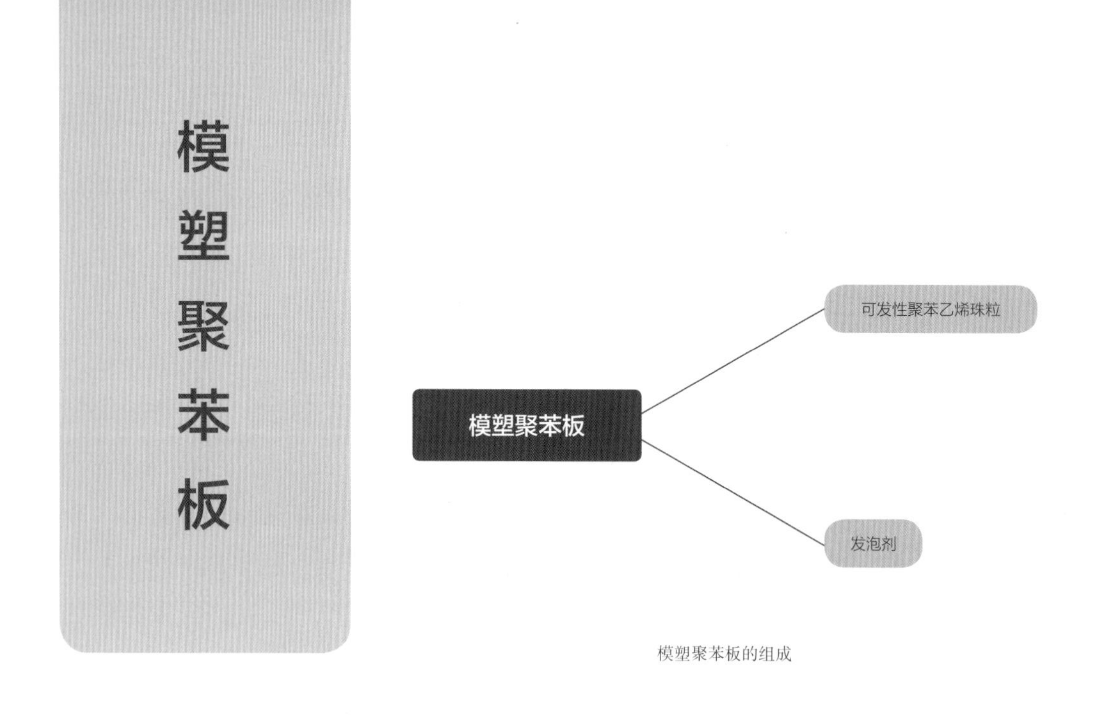

模塑聚苯板的组成

1. 材料特点

物理性能特点：模塑聚苯板也叫作聚苯乙烯泡沫板、EPS 板及苯板，其每立方米体积内含有 300 万 ~ 600 万个独立密闭气泡，内含空气的体积在 98% 以上，空气本身的导热性小且位于封闭空间内，所以 EPS 板的隔热保温性能非常优良，同时还具有优异的抗水、防潮性能及防腐蚀、经久耐用性能。常用于外墙的保温，也可用于室内墙面和地暖的保温。

原料分层特点：聚苯乙烯泡沫板由含有挥发性液体发泡剂和可发性聚苯乙烯珠粒，经加热预发后在模具中加热制成，是一种一体式的保温材料。以墙面保温施工来说，它可分为保温层和辅助层两大部分。

2. 施工形式

聚苯乙烯泡沫板墙面施工的准备工作为处理基层和调制砂浆（胶泥）。施工时，先涂刷一道界面剂，干燥后裁切 EPS 板并进行排板，板材背面涂抹砂浆黏结在墙面上，牢固后，在 8 ~ 24h 内安装锚固钉，再涂抹第一遍胶泥、埋贴耐碱玻璃纤维网格布、涂抹第二遍胶泥，最后根据装饰需要，处理面层，例如若刷乳胶漆，就需要涂抹腻子后再刷。

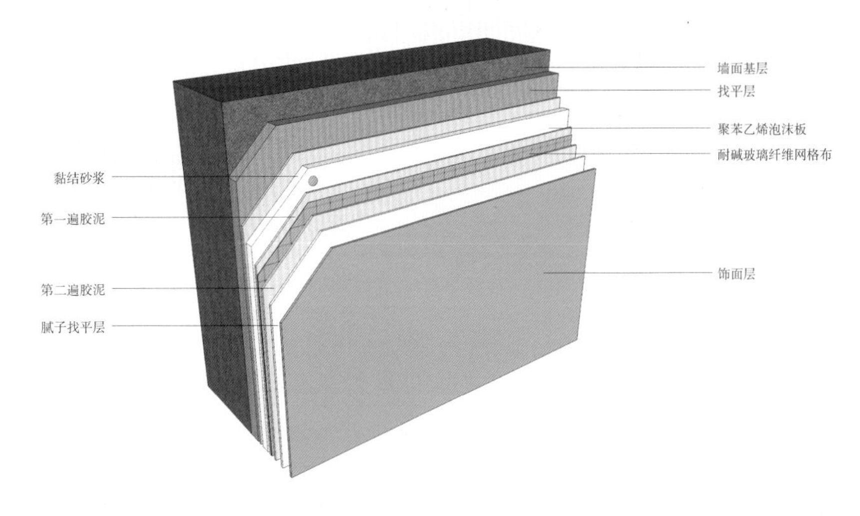

施工分层图

聚苯乙烯泡沫板锚固钉安装

做好保温后，墙体表面可做各类饰面

小贴士

良好的基层至关重要

新建工程的结构墙体基面必须清理干净，并需对墙面的平整度和垂直度进行检验。可借助 2m 靠尺进行检查，最大偏差不应大于 5mm，超出偏差的部分应剔凿或用水泥砂浆修补平整。若为旧房，应先彻底清理不利于粘贴聚苯乙烯泡沫板的原墙面层，而后用水泥砂浆修补缺陷，最后加固找平。

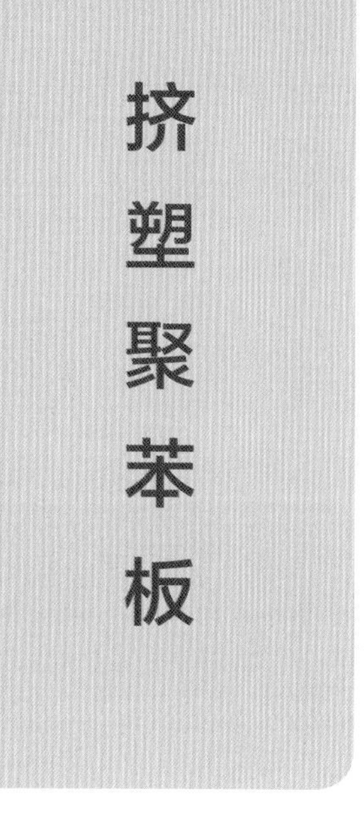

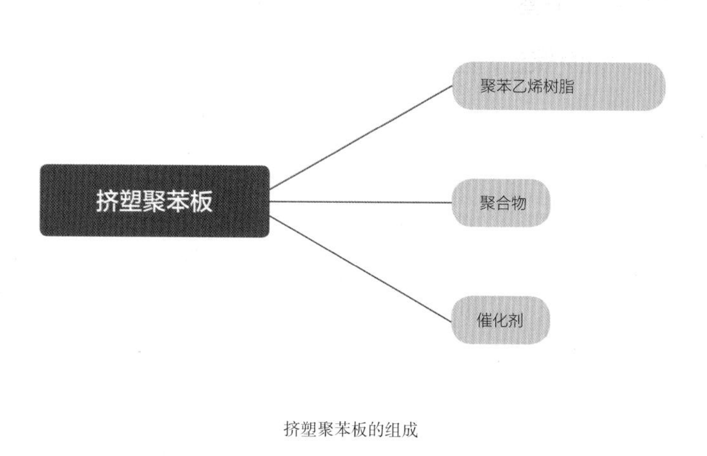

挤塑聚苯板的组成

1. 材料特点

物理性能特点：挤塑聚苯板的全称为挤塑聚苯乙烯泡沫板，简称挤塑板，也叫作 XPS 板。其内部为紧密的蜂窝结构，可更有效地阻止热量的传导，热导率远远低于 EPS 板、发泡聚氨酯、保温砂浆、珍珠岩等保温材料。同时，它还具有优越的抗水、防潮性，优异的防腐蚀、防老化性、保温性，使用寿命可达 30 ~ 40 年。常用于外墙的保温，也可用于室内墙面和地暖的保温。

原料分层特点：挤塑聚苯板的主要原料为聚苯乙烯树脂，在生产板材时，辅以聚合物和催化剂，加热后挤塑压出，是一种一体式的保温材料。以地暖的施工方式来说，它可分为保温层和反射层两部分。

2. 施工形式

挤塑聚苯板在室内空间中，主要被用于墙面和地暖部分的保温，但后者应用得更多一些。

（1）墙面保温施工

挤塑聚苯板的墙面保温施工方式与模塑聚苯板基本相同，都需要使用黏结砂浆和锚固钉等组合固定。

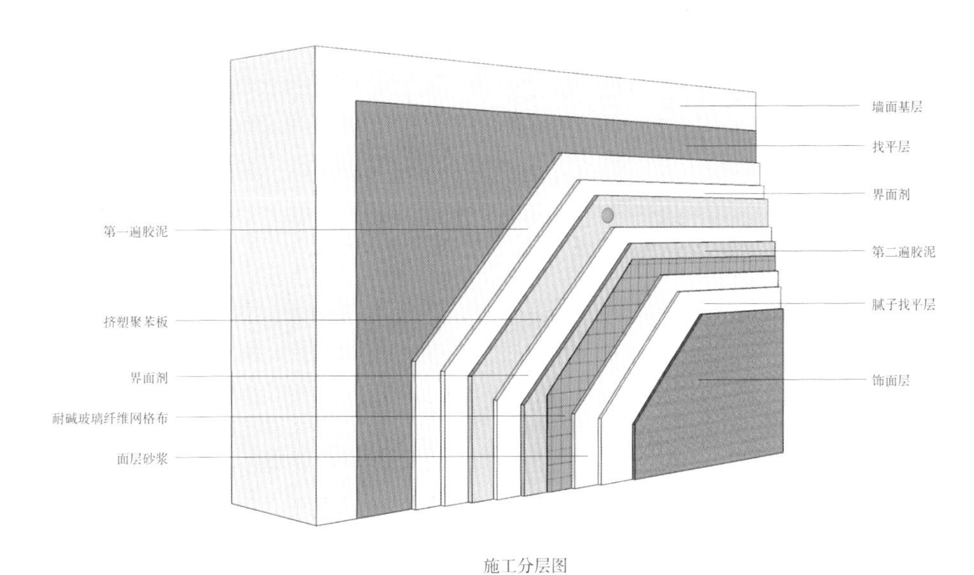

施工分层图

粘贴挤塑聚苯板

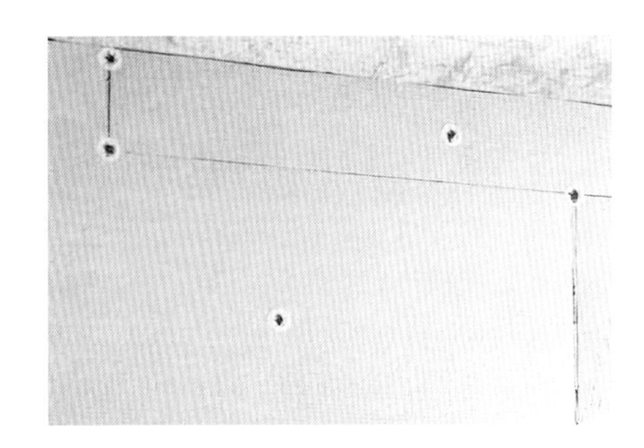

安装锚固钉

涂抹第一遍胶泥、粘贴耐碱玻璃纤维网格布

涂抹第二遍胶泥

（2）地暖保温施工

挤塑聚苯板应先铺设靠近墙边的部分，从一侧开始铺设，全部完成后，用美工刀对重叠的部分进行切割，而后用铝箔胶带对缝隙进行密封。在铺设好的挤塑聚苯板基层上，铺设反射层，以阻止热量辐射损失。在反射层上铺设地暖管（水暖）或发热电缆（电暖）并用卡扣固定，地暖管还可使用模块来固定。连接好设备后，用细石混凝土回填并找平地面，干燥后，即可进行饰面层施工。

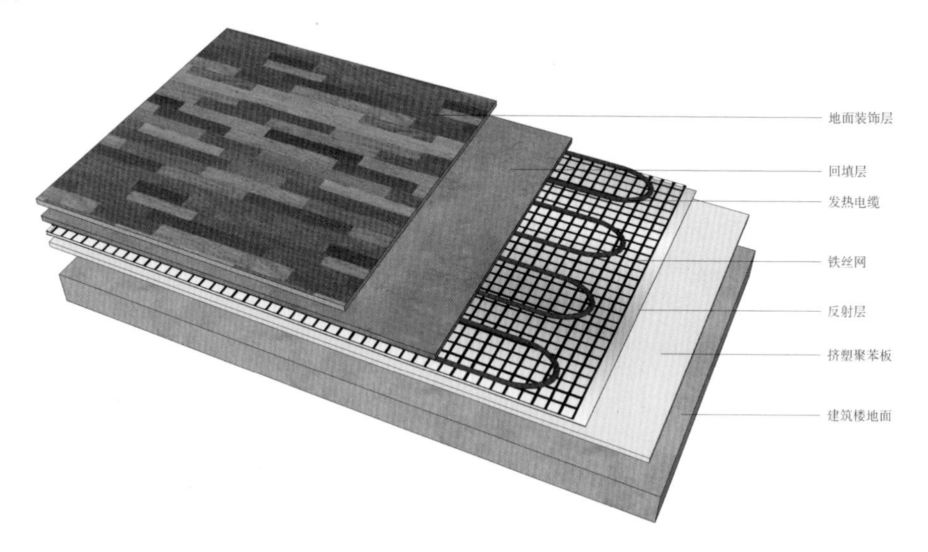

电暖施工分层图

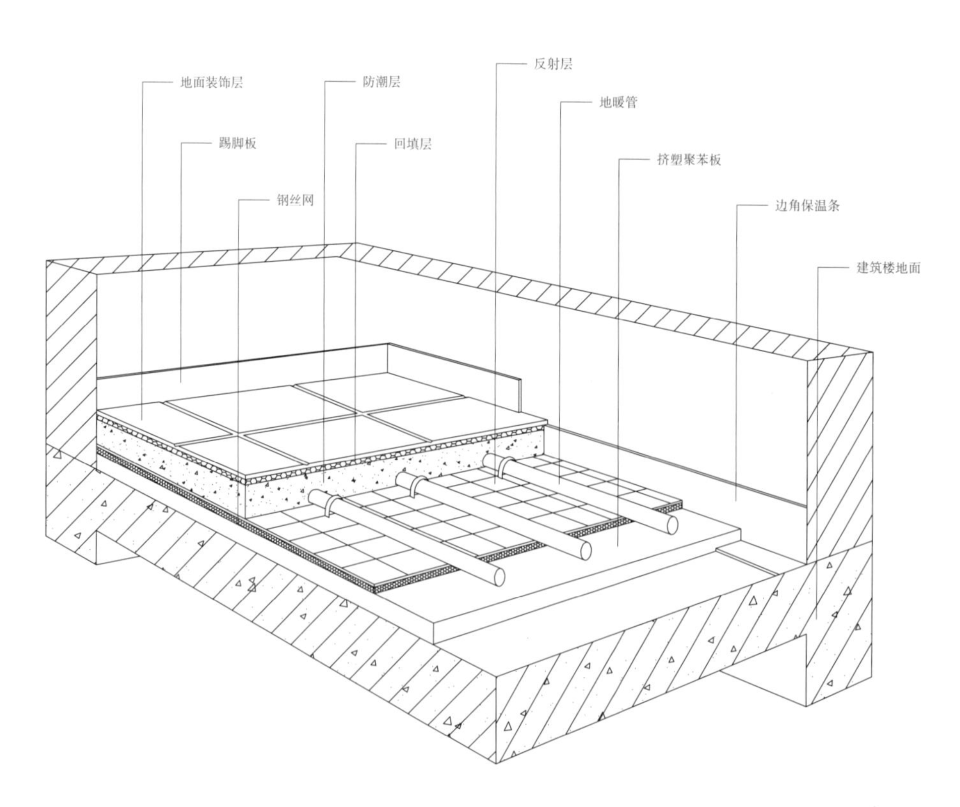

水暖施工分层图

粘贴边界保温条

铺设挤塑聚苯板

缝隙处粘贴铝箔胶带密封

铺设反射层

安装地暖管或发热电缆

细石混凝土回填找平地面

小贴士

地暖施工准备工作很重要

在正式开始铺设地暖之前，需要先做一些准备工作。首先应将地面清扫至干净、整洁，而后对地面的平整度进行检测，若平整度不合格，则需要进行找平处理。在施工范围包括厨房和卫生间时，应先做好防水。最后，粘贴边界保温条。全部处理完成后，才可开始铺挤塑聚苯板。

胶粉聚苯颗粒保温砂浆

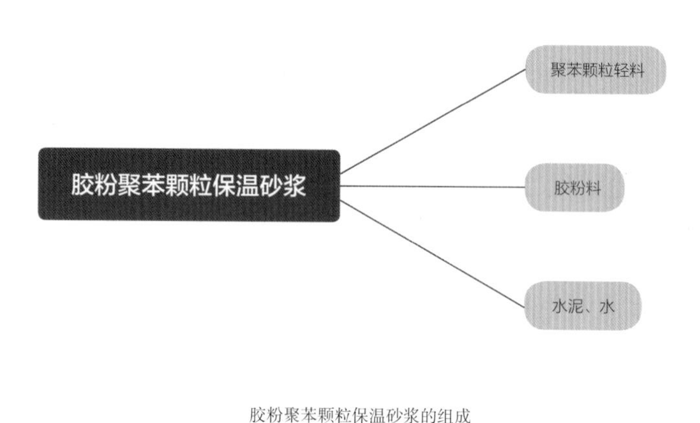

胶粉聚苯颗粒保温砂浆的组成

1. 材料特点

物理性能特点：胶粉聚苯颗粒是一种具有保温作用的颗粒状材料，使用时需要调整成砂浆涂抹施工。它的热导率低，所以保温性能较好，同时具有抗压强度高、黏结力强、附着力强等优点，施工简单并可无缝施工，且不易空鼓、开裂，可避免块材保温材料缝隙易开裂的问题，外面加以罩面砂浆还能够解决面层空鼓裂等问题。可用于建筑外墙和内墙的保温。

原料分层特点：胶粉聚苯颗粒保温砂浆由胶粉料、聚苯颗粒轻料和水泥混拌组成，在使用时，需要加水混合后才能进行施工。按照施工方式来说，可分为保温层和辅助层两部分。

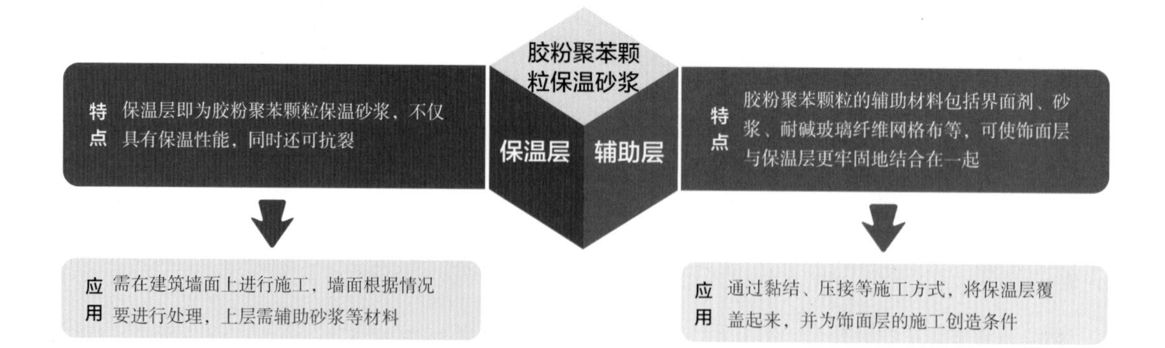

2. 施工形式

若墙面材质为混凝土或砌块，应先满涂一遍界面砂浆，而后进行保温施工。第一遍保温层厚度应小于 10mm，后面每遍的保温浆料厚度均应小于 20mm，每一次涂抹均应间隔 24h 以上。保温层固化干燥后方可进行抗裂保温层施工，抹抗裂砂浆，厚度 3 ~ 5mm，抹一定宽度后立即用铁抹子压入耐碱玻璃纤维网格布。

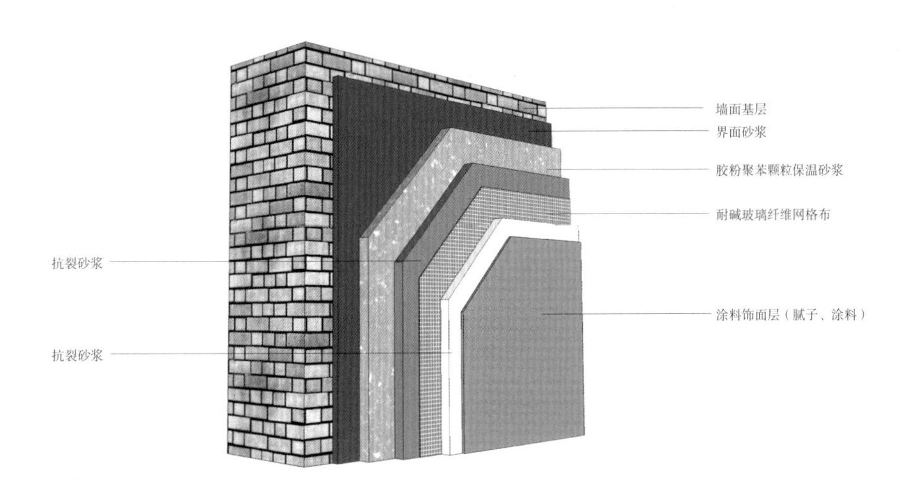

施工分层图

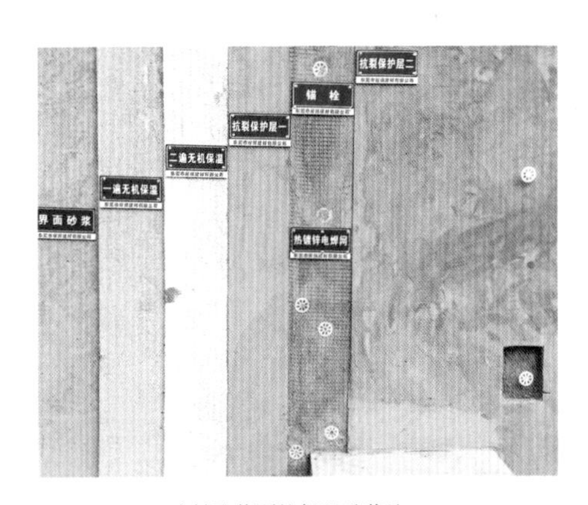

胶粉聚苯颗粒保温砂浆施工

完工后，面层可做各类饰面

小贴士

施工注意事项

①施工前墙面应清理干净，无油渍、浮沉等。旧墙应剔除松动、风化部分及表面突起大于 10mm 的部位。

②当胶粉聚苯颗粒保温面层需粘贴面砖时，在抗裂层中用金属网替代耐碱玻璃纤维网格布作为抗裂防护层的增强骨架，并将金属网与结构墙连接牢固。

硬质聚氨酯泡沫材料

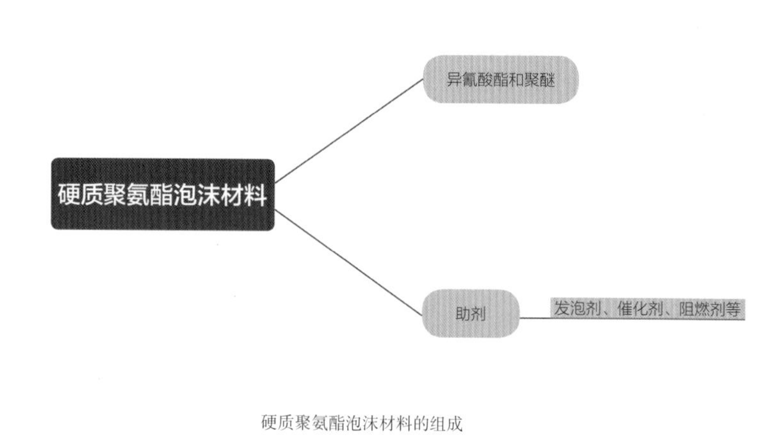

硬质聚氨酯泡沫材料的组成

1. 材料特点

物理性能特点：硬质聚氨酯泡沫材料的泡沫为硬体，其内部为封闭性的孔泡，强度较高、闭合性好，是一种兼具保温和防水功能的新型合成材料，热导率只有挤塑聚苯板的一半，是所有保温材料中热导率最低的，是目前保温性最好的保温材料。它既可预制成板材，也可在施工现场发泡成型，与砖石等具有良好的黏结性。常用于屋面隔热防水，也可用于室内墙面、地面的保温。

原料分层特点：硬质聚氨酯泡沫材料以异氰酸酯和聚醚为主要原料，在发泡剂、催化剂等多种助剂的作用下，通过专用设备混合，制成泡沫板或需现场喷涂的泡沫，是一体式的保温材料。按照其施工方式来说，总体可分为保温层和辅助层两部分。

2. 施工形式

硬质聚氨酯泡沫材料在室内可用于墙面和地面的保温，但后者应用得更多一些。

（1）墙面保温施工——泡沫板施工

硬质聚氨酯泡沫材料可加工成板材，其墙面保温的施工方式与前面两种保温材料的墙面施工方式类似，需使用砂浆和锚固钉组合固定。

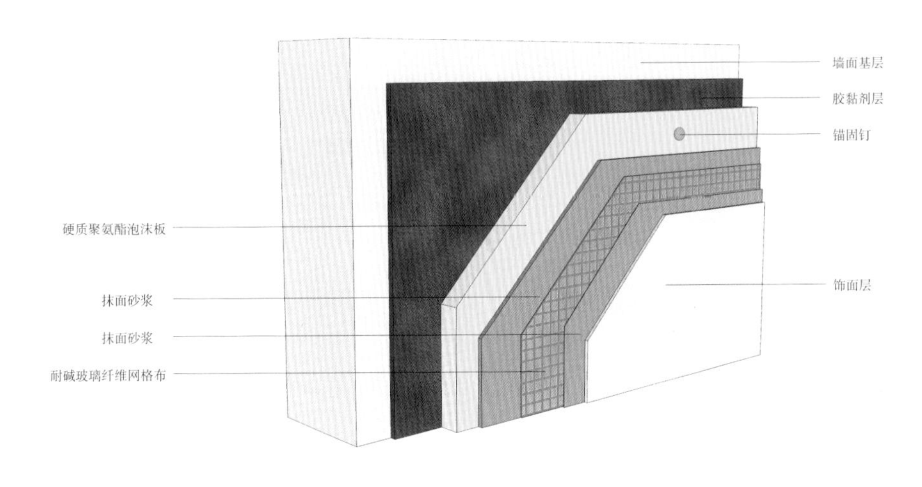

施工分层图

（2）墙面保温施工——喷涂

建筑基层直接喷涂：是指不使用辅助结构，将硬质聚氨酯泡沫直接喷涂在建筑基层上的方式。需先对墙面进行找平处理，而后涂刷界面剂，再喷涂硬质聚氨酯泡沫，若墙面为木质板类的基层，则可直接喷涂。

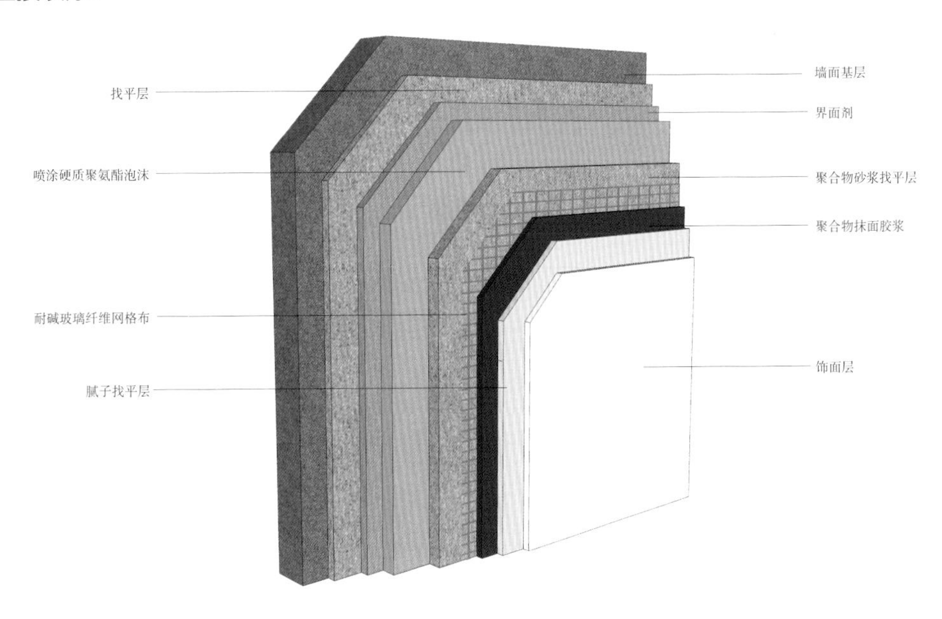

施工分层图

木骨架辅助施工：适用于木结构的自建建筑或墙面需用木骨架辅助施工的情况，此种方式占据的厚度较多。开始喷涂施工前，需先对基层墙面进行找平处理，而后涂刷聚氨酯防潮底漆。木骨架多用木工板进行裁切，而后垂直于墙面并固定在墙面上，横向根据房屋高度在适当的位置增加 1 ~ 2 道横撑，而后在每个木格子内喷涂硬质聚氨酯泡沫，喷涂结束后，用刮尺或木条将表面与木骨架的外沿抹平。泡沫层上的部分可根据需要选择封面板材，如乳胶漆或壁纸施工则需使用石膏板封面再用腻子找平；若粘贴木纹饰面板，则需选择木工板做封面，需注意的是，木质板均应做好防火处理。

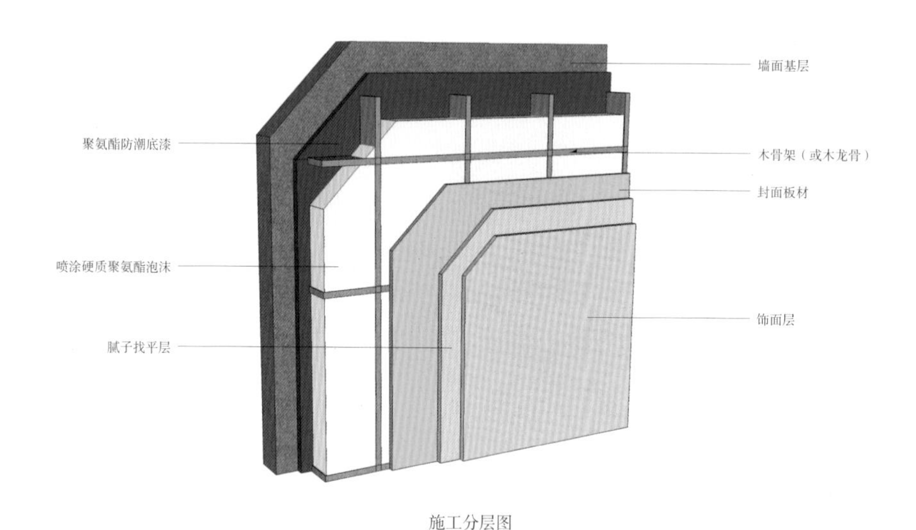

施工分层图

喷涂墙面下部分

喷涂墙面上部分

抹平

封面板

（3）地面保温施工

硬质聚氨酯泡沫材料用在地面时，多使用板材，很少使用喷涂施工。地面施工除了具有保温作用外，用在实木地板下时，还同时具有减震的作用。

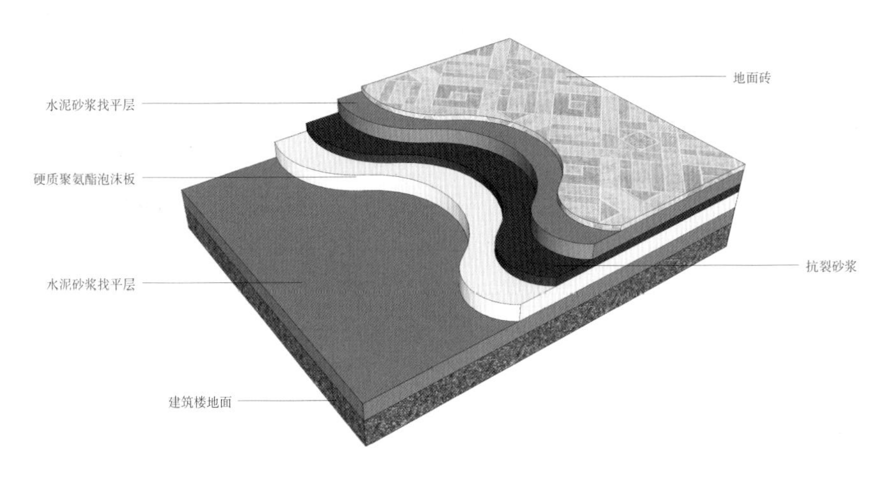

地砖饰面施工分层图

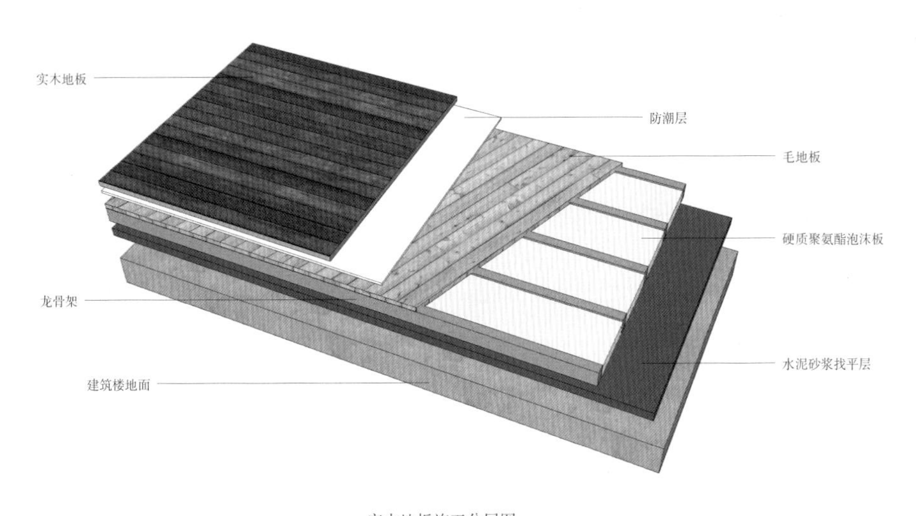

实木地板施工分层图

小贴士

喷涂施工注意事项

在进行硬质聚氨酯泡沫材料的喷涂施工时，可根据保温层整体的厚度，对一个施工作业面分几遍喷涂，当日的施工作业面，必须当日连续喷涂完毕。在喷涂施工完成 24h 后，若局部有不规整的地方，可用手提刨刀进行修整。

酚醛泡沫保温材料

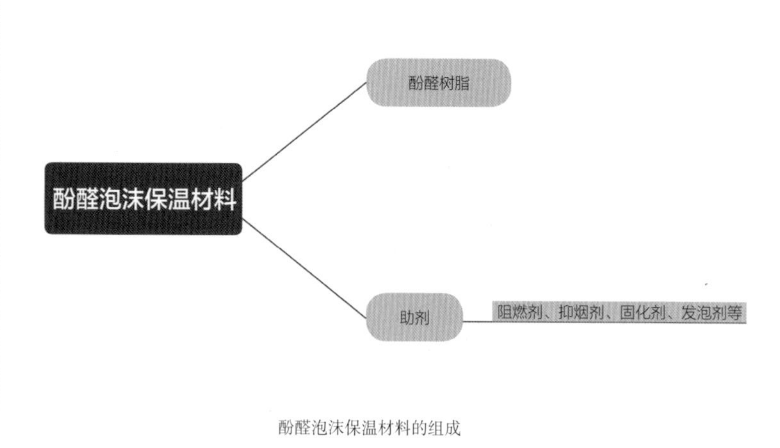

酚醛泡沫保温材料的组成

1. 材料特点

物理性能特点：酚醛泡沫保温材料的简称为酚醛泡沫，内部为均匀的闭孔结构，热导率低、绝热性能好，可与硬质聚氨酯泡沫媲美，吸水率低，不耐强碱，但耐酸和有机溶剂的侵蚀，无氟发泡、无毒无味，为绿色环保建材。其最显著特点是克服了原有泡沫塑料型保温材料易燃、多烟、遇热变形的缺点，但保留了同类泡沫材料质轻、施工方便等特点。施工方式、使用部位等与硬质聚氨酯泡沫材料类似，但其成本低，仅相当于硬质聚氨酯泡沫材料的 2/3。

原料分层特点：酚醛泡沫的原料为酚醛树脂和阻燃剂、抑烟剂、固化剂、发泡剂等助剂，它是一体式的保温材料。按照其施工方式来说，总体可分为保温层和辅助层两部分。

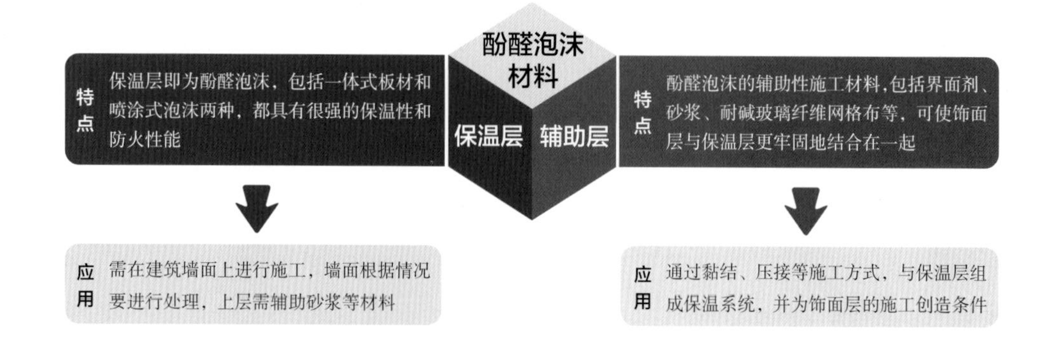

2. 施工形式

酚醛泡沫与硬质聚氨酯泡沫材料一样都属于泡沫型保温材料，施工方式也具有相同性，可用于墙面、地面等部位，因此不再过多赘述，可参考硬质聚氨酯泡沫材料部分的内容。这里仅对使用频率较高的酚醛泡沫板墙面保温进行分析，施工步骤为：基层处理→配制砂浆→安装酚醛泡沫板→安装固定件→抹聚合物砂浆→压入耐碱玻璃纤维网格布→抹面层聚合物砂浆→饰面层施工。

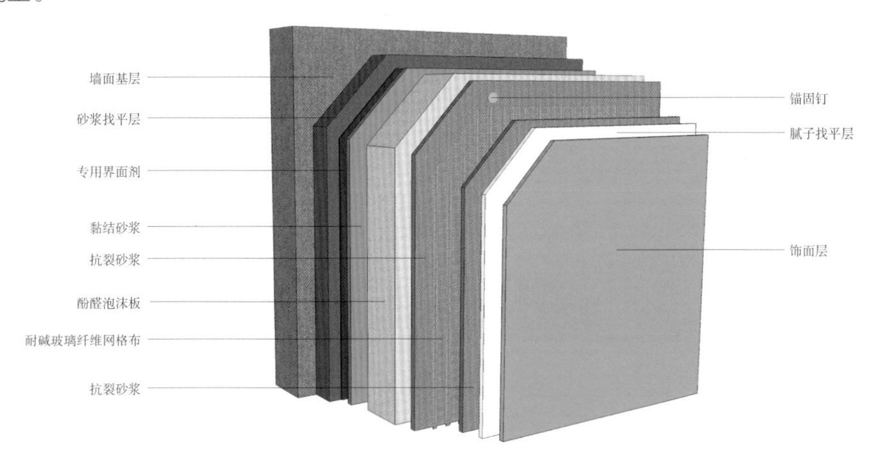

施工分层图

保温层外采用乳胶漆饰面

保温层外采用瓷砖饰面

小贴士

砂浆需注意调制方式和使用时限

保温类板材需调制两类砂浆：一类是需先调制的黏结砂浆；另一类是需后调制的抗裂砂浆。无论哪类砂浆，调制均应由专人负责，并应严格按产品使用说明书规定的配合比配制。需采用电动搅拌器搅拌，严禁手工拌和。应注意随用随配，配置好的黏结剂应在规定的时间内用完，一般规定为 2h 以内。

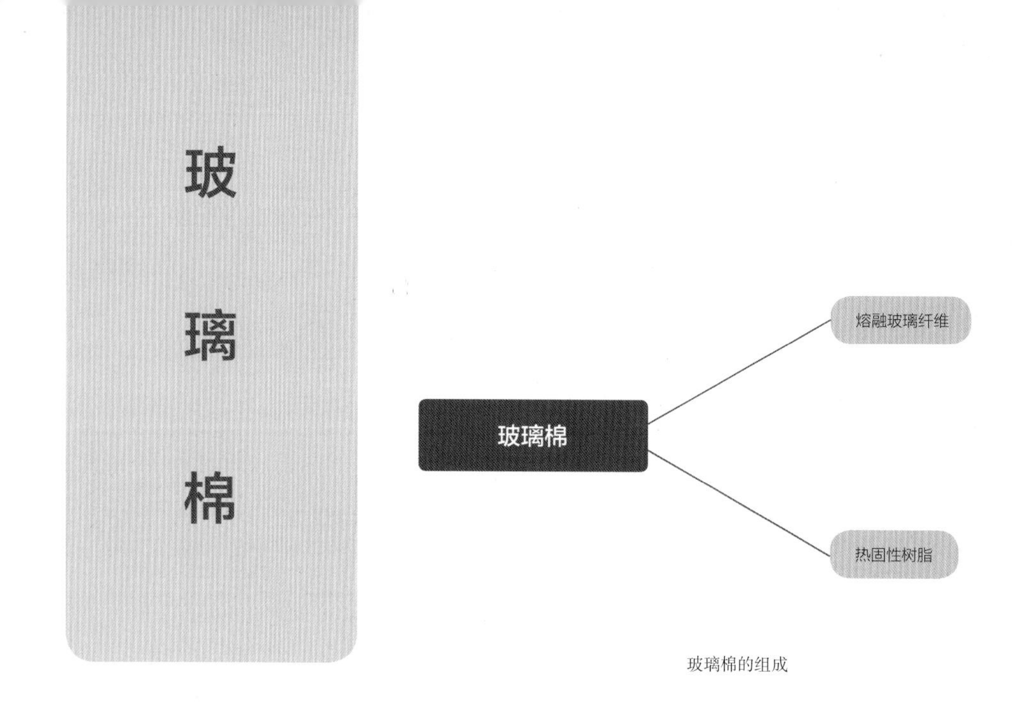

玻璃棉的组成

1. 材料特点

物理性能特点：玻璃棉是一种人造无机纤维，通常会制成有弹性的毡状来使用。其具有成型好、体积密度小、热导率低、保温绝热、吸音性能好、耐腐蚀、化学性能稳定等优点。因此，在室内空间中，既可以用来保温、隔热，又可以用来吸音降噪。

原料分层特点：玻璃棉是由纤维化的熔融玻璃和热固性树脂为主的环保型配方黏结剂加工而成的。其中的熔融玻璃是以石英砂、石灰石、白云石等天然矿石为主要原料，配合一些纯碱、硼砂等化工原料制成，在熔化状态下，借助外力吹制后甩成絮状细纤维。有板状材和毡状材，施工时多需要骨架的辅助。按照施工方式来说，可分为保温层和骨架两部分，骨架外部再做饰面。

2. 材料分类

室内做保温材料的玻璃棉，按照材料的加工形态可分为玻璃棉毡和玻璃棉板两种类型。

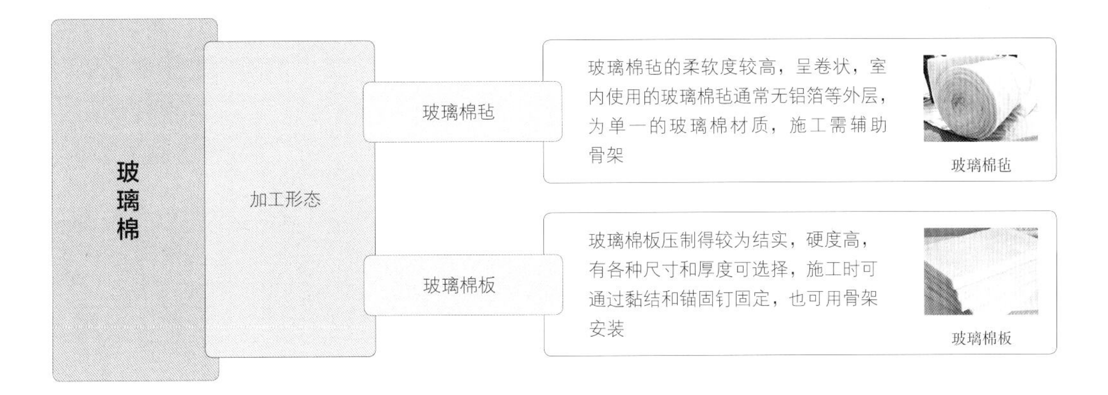

3. 施工形式

玻璃棉作为室内保温材料时，可用于墙面和顶面部分的保温工程。

（1）墙面保温施工

玻璃棉板的硬度高，施工时可如硬质聚乙烯泡沫板或挤塑聚苯板一般，采用胶黏剂和锚固钉组合安装，其分层形式和施工方式均可参考这些材料墙面部分的施工内容，这里不再赘述。

除此之外，玻璃棉板用在墙面时，还可与玻璃棉毡一样，先在墙面固定轻钢龙骨或木龙骨，而后将玻璃棉板或玻璃棉毡塞入龙骨架之间的位置固定住作保温和吸音之用，用石膏板进行封面，再进行饰面处理。

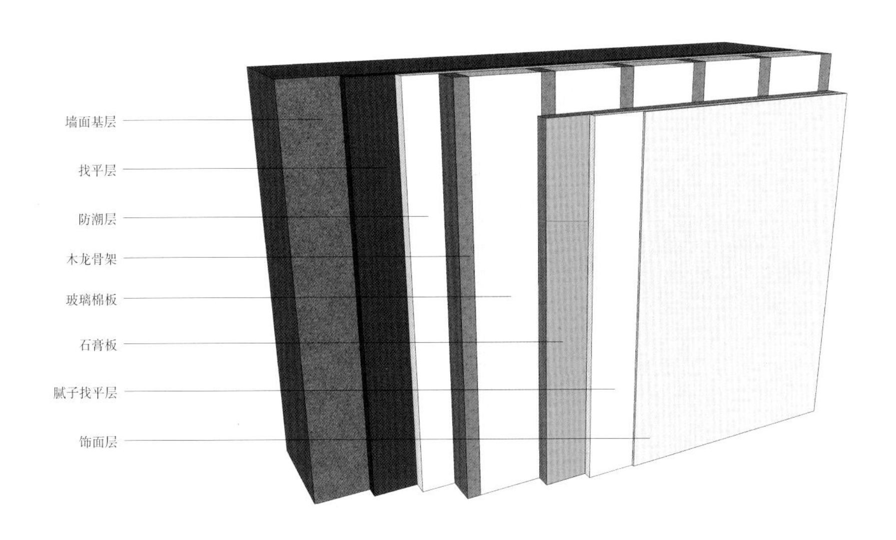

施工分层图

（2）顶面保温施工

玻璃棉的顶面保温施工有两种方式：一种是平顶施工；另一种是吊顶施工。

平顶施工：平顶施工即指完工后顶面为平面，没有任何造型的一类保温吊顶。骨架的施工有两种方式：一种是采用格状木龙骨将玻璃棉固定在建筑顶面上；另一种是先在顶面上间隔一定距离固定一定数量的木龙骨，而后用另一组木龙骨将玻璃棉固定在前一组木龙骨的间隙处，如下图所示。

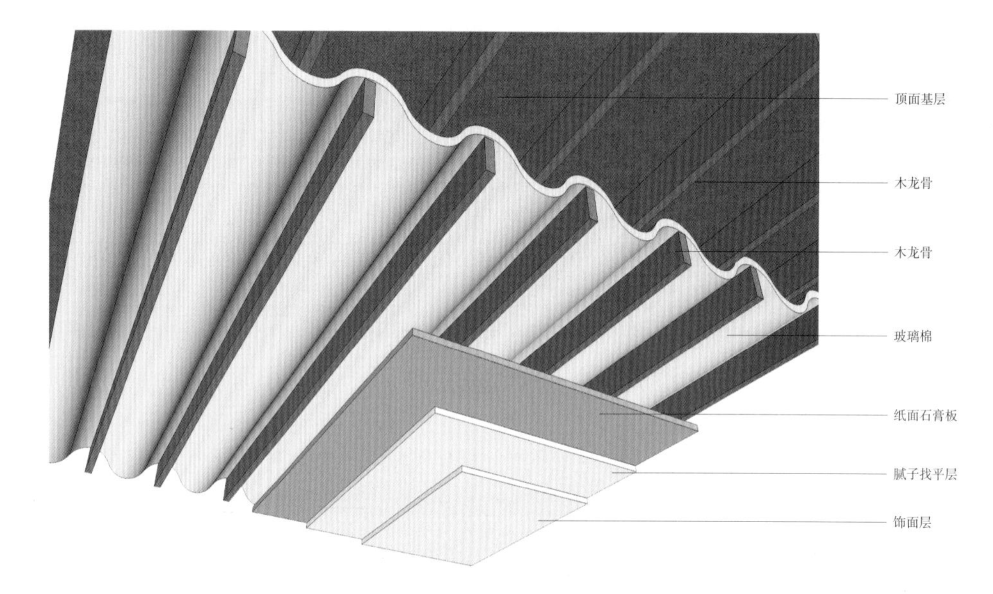

施工分层图

吊顶施工：需借助轻钢龙骨或木龙骨，通过吊杆与建筑顶面进行连接，下方用石膏板封面，骨架上方增加一层玻璃棉，以起到保温和隔音的作用。具体选择轻钢龙骨还是木龙骨可根据施工现场的情况和施工需求来决定。

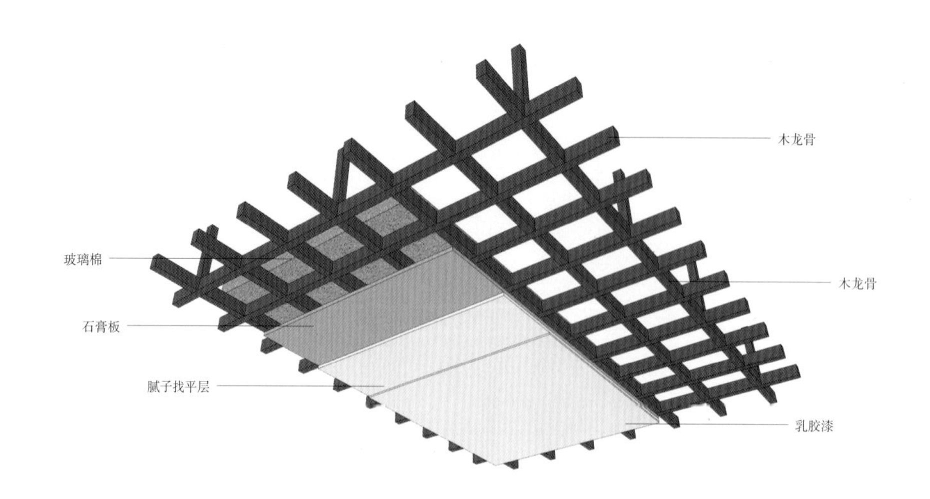

施工分层图

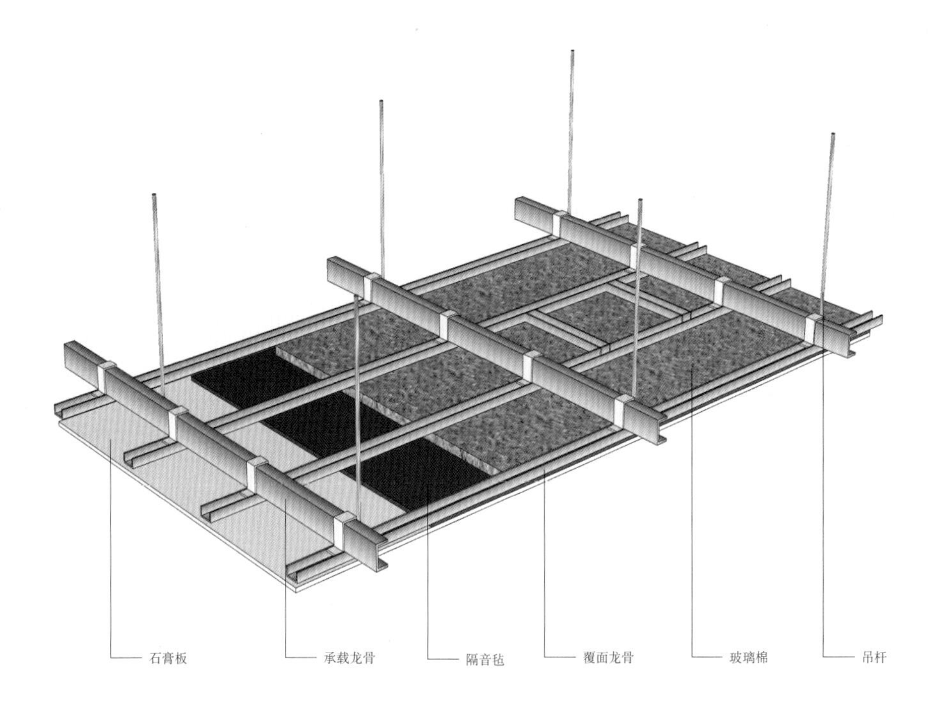

施工分层图

龙骨及玻璃棉安装完毕

石膏板封面，表面刮腻子

小贴士

墙面施工注意事项

①若为旧墙面，需使用磨光机对墙面进行打磨，磨到墙面平整、涂料脱落为止；若为新墙，则应将墙面处理至干净整洁，并保证平整度，不平的需找平。

②在开始施工前，需根据现场实际尺寸和所需间距测放龙骨位置线，根据位置线来安装龙骨架。

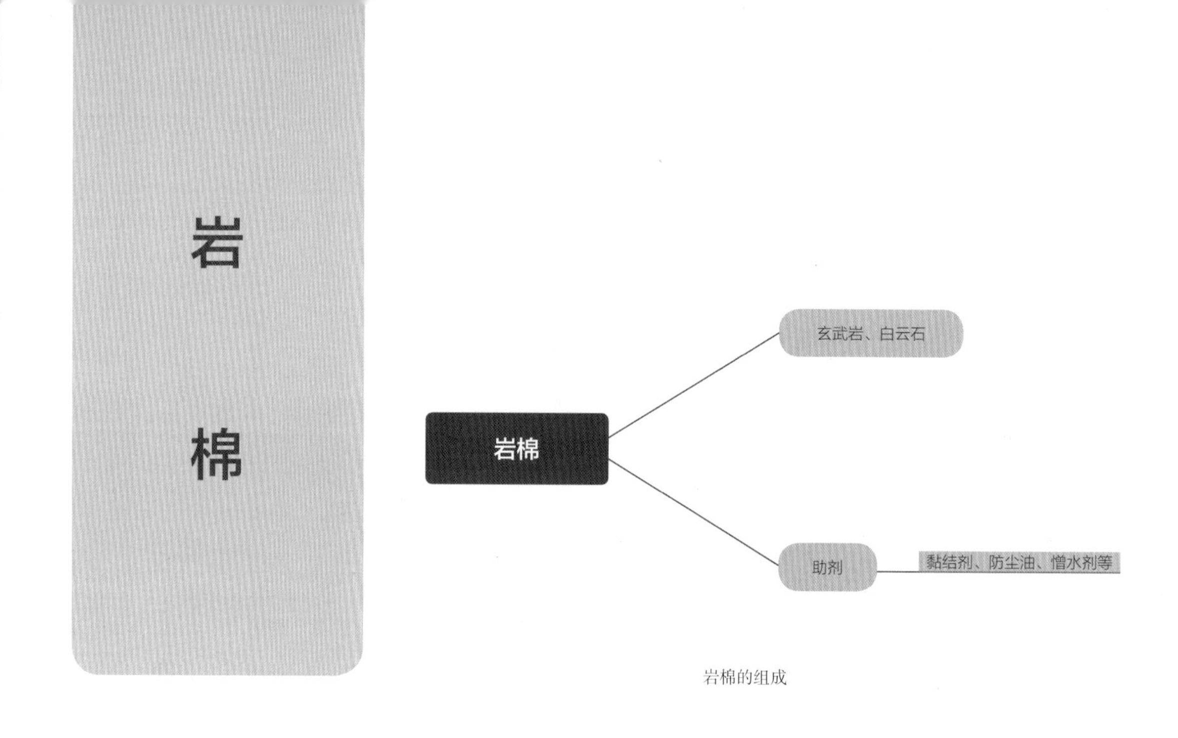

岩棉的组成

1. 材料特点

物理性能特点：岩棉也属于棉状保温材料，主要构成物是交织的纤维，经过不同方式的加工后，可形成不同规格和用途的岩棉产品，如毡、条、管、粒状、板状等，室内保温材料较多使用的是岩棉毡和岩棉板。岩棉除了具有优良的保温、隔热性能外，还具有优异的吸音、防火、透气等性能，可用于顶面和墙面的保温施工。

原料分层特点：岩棉产品的主要组成成分为岩棉纤维，它是由优质玄武岩、白云石经 1450℃以上高温熔化后采用四轴离心机高速离心制成的，而后加入一定量的黏结剂、防尘油、憎水剂等助剂，通过一定的工艺形成一定厚度，再进行固化、切割后即可制成不同规格的一体化材料。它按照施工的方式来说，可分为保温层和骨架两部分。

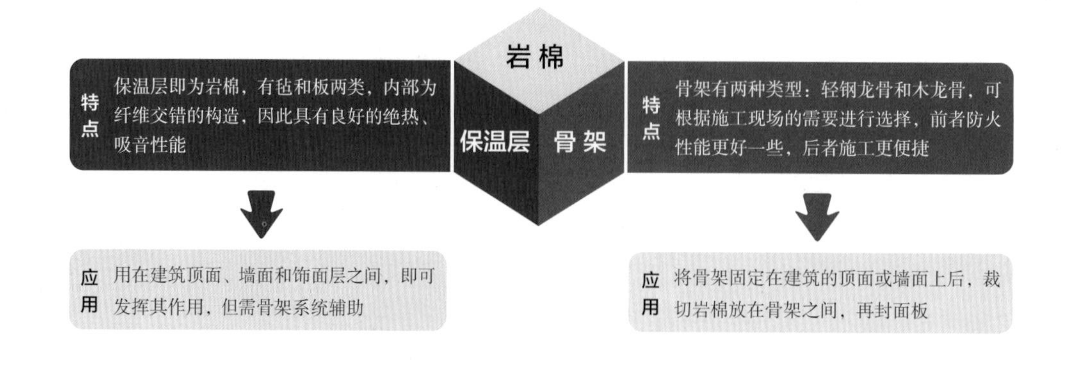

2. 材料分类

室内使用的岩棉材料，与玻璃棉相同，按照加工形态也分为岩棉毡和岩棉板两大类。

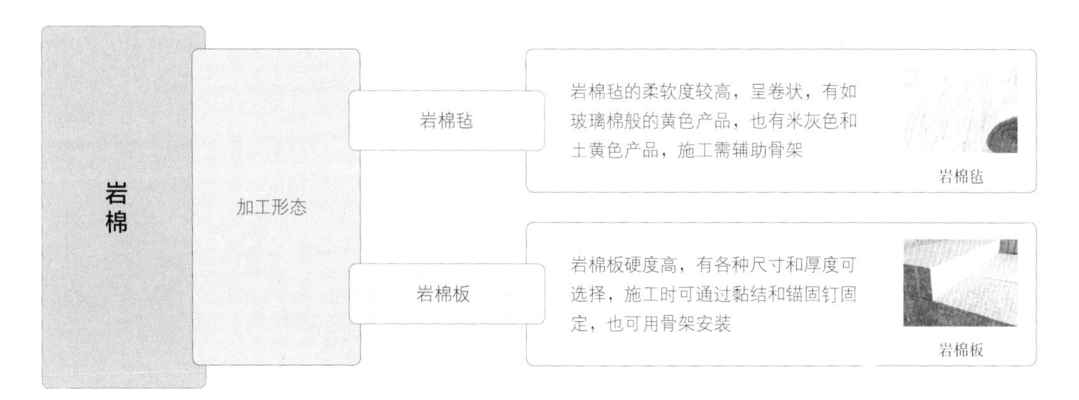

3. 施工形式

岩棉作为室内保温材料时，可用于顶面及墙面部分的保温工程。

（1）顶面保温施工

岩棉的顶面施工方式，可参考玻璃棉的顶面保温施工内容，既可用制成具有保温作用的平顶，也可根据设计方案，在具有造型设计的顶面上通过增加岩棉层的方式，来达到保温和隔音的目的。若想要吸音的作用更强一些，则可选择厚度大一些的岩棉板。

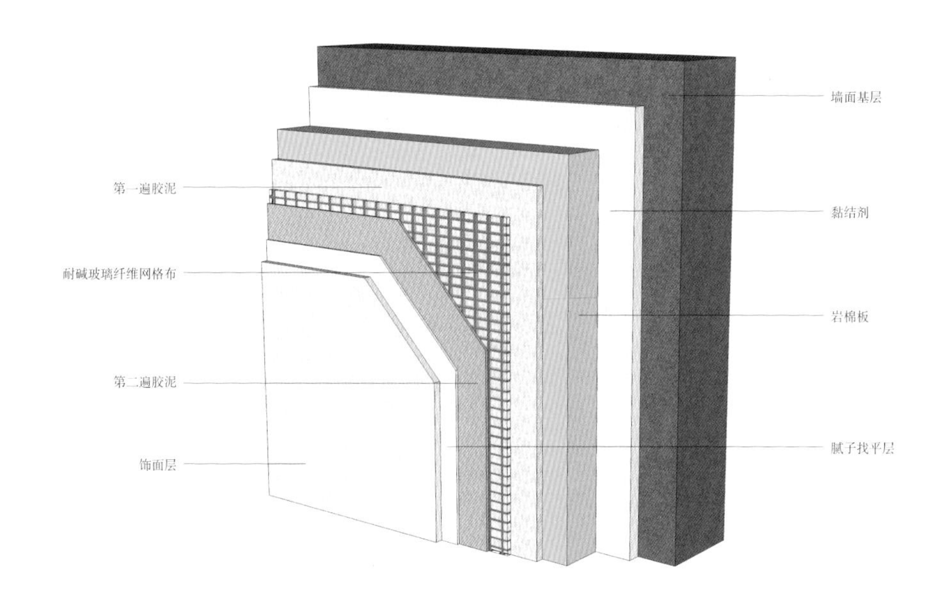

施工分层图

（2）墙面保温施工

岩棉的墙面保温施工有两种方式：一种是建筑墙面施工；另一种是隔墙施工。

建筑墙面施工：建筑墙面是指原建筑本来就构建完成的墙面，此类墙面的岩棉施工可参考玻璃棉部分，使用骨架来辅助施工，也可选择硬度较高的岩棉板，采用砂浆和锚固钉进行安装，其保温系统由黏结层、岩棉板保温层、抹贴面层、锚固件、饰面层等构成。

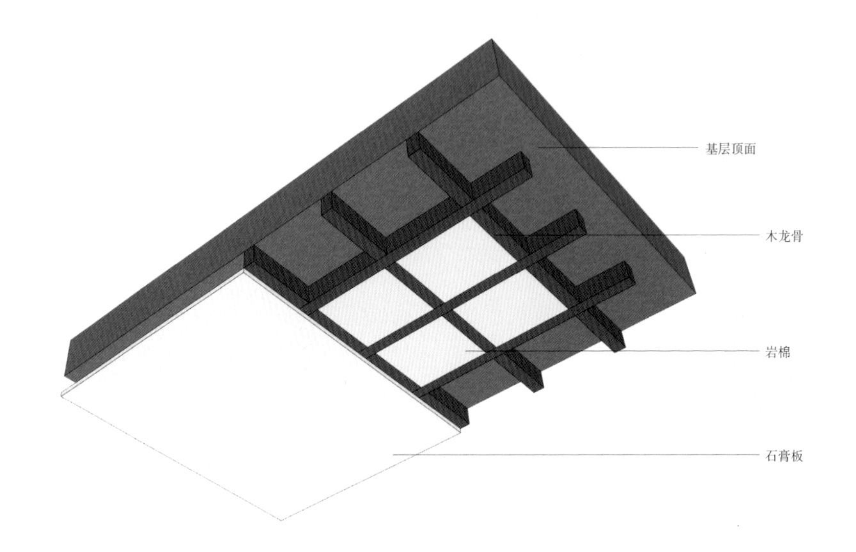

施工分层图

隔墙施工：隔墙是指原建筑内部不存在的为了间隔出新的空间而建造的一类墙面，通常是使用双层轻钢龙骨来建造的，墙的两侧面层均需用石膏板进行封面，因为此类隔墙厚度较薄且内部中空，为了达到保温和隔音效果，内部可塞入岩棉（也可使用玻璃棉）。

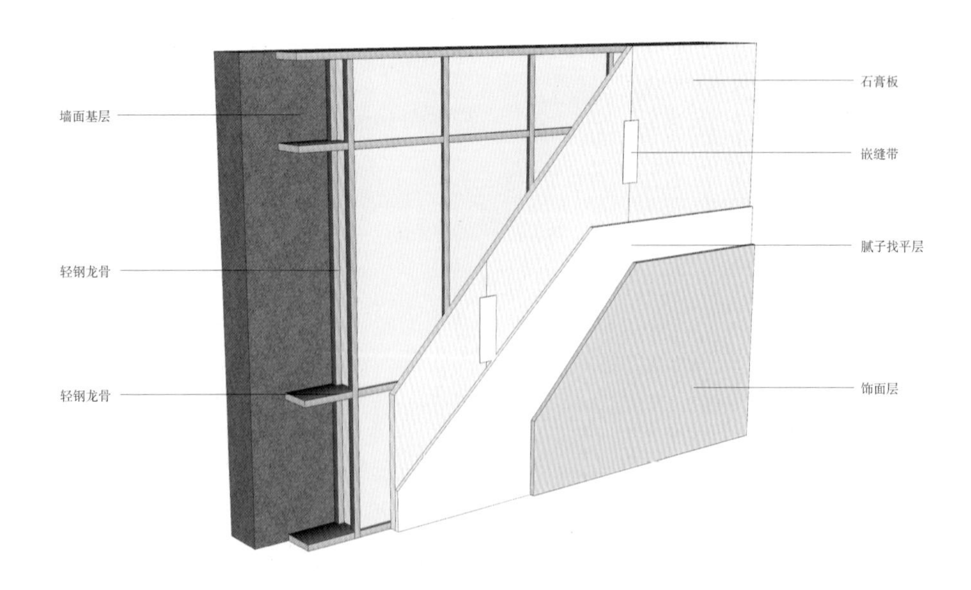

施工分层图

制作隔墙轻钢龙骨架

封单面石膏板

塞入岩棉毡

封石膏板

处理石膏板缝隙和钉眼

小贴士

墙面施工注意事项

墙体基层应坚实平整，表面干燥，不得有开裂、空鼓、松动或泛碱。若墙面不平整，则需进行找平处理，且水泥砂浆找平层的黏结强度、平整度及垂直度应符合《建筑装饰装修工程质量验收标准》（GB 50210—2018）中普通抹灰工程质量的要求。

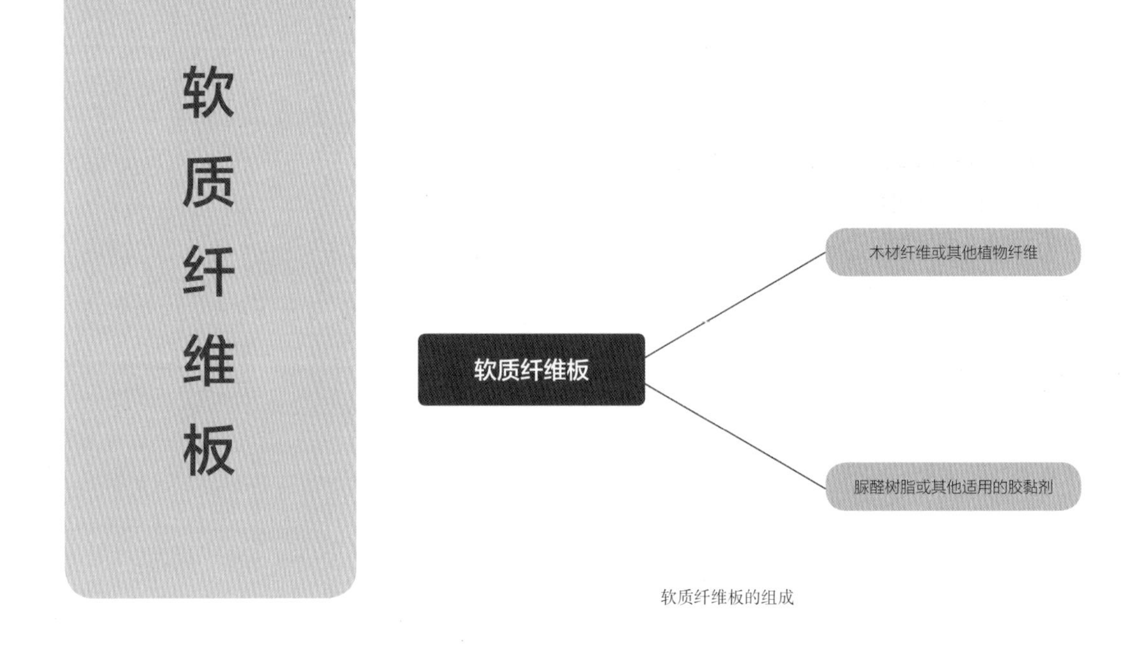

软质纤维板的组成

1. 材料特点

物理性能特点：在室内装饰工程中经常可接触到中密度纤维板和高密度纤维板等类型的纤维板，软质纤维板（LDF、SB、IB）与它们一样，也属于纤维板的一个分支，但它的密度不大（密度≤ 450kg/m^3），力学性能不及硬质类的纤维板。但其重量轻、空隙率大，所以有良好的隔热性和吸音性，且加工性好，所以在室内装修工程中，多用于墙面和地面的保温及吸音、隔音等方面。

原料分层特点：软质纤维板的主要制作原料为由木材或其他植物原料，加入或不加入脲醛树脂或其他适用的胶黏剂，经热压制成。按照其施工方式，总体可分为保温层和辅助层两部分。

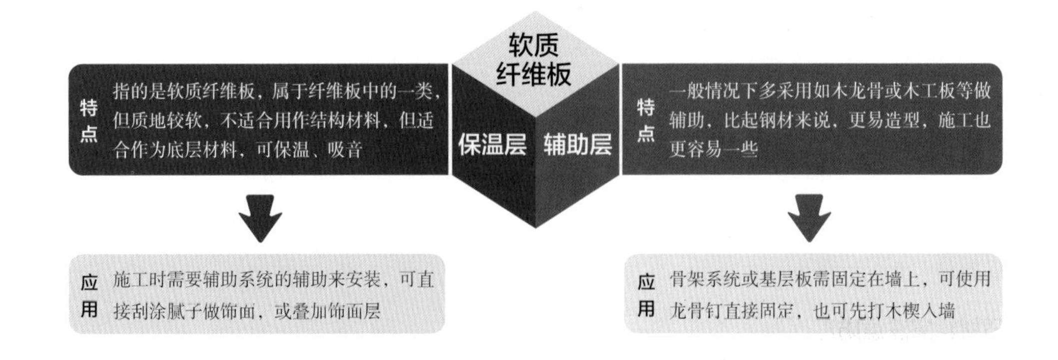

2. 施工形式

软质纤维板主要使用部位为墙面和地面。墙面可先固定木龙骨，而后木龙骨上固定软质纤维板，板面上可直接刮腻子、喷涂乳胶漆或粘贴壁纸，也可安装其他类型的饰面板，木龙骨也可用木质基层板来代替；用在地面时，适合采用龙骨铺设法的木地板，在龙骨架或毛地板上增加一层软质纤维板即可。

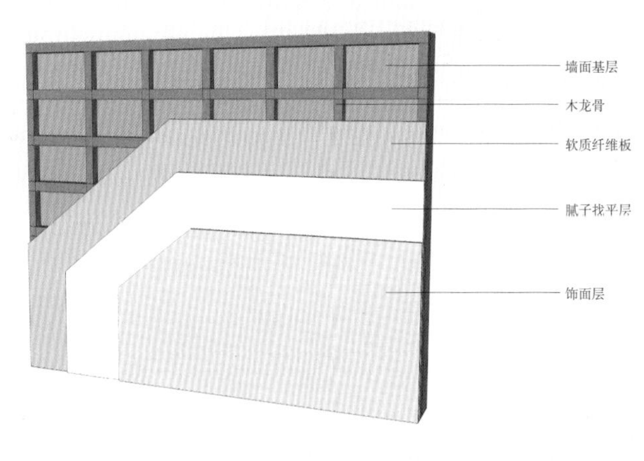

墙面施工分层图

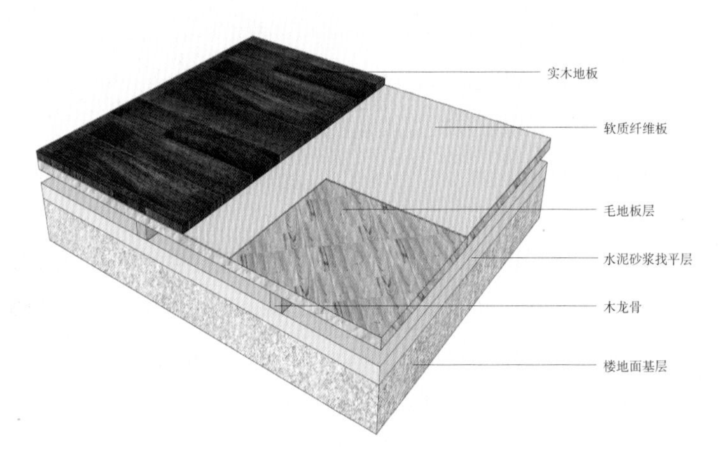

地面施工分层图

小贴士

木质材料需注意防潮处理

所有使用的木质材料均应做好防潮、防火处理。木龙骨需要喷涂 2 ～ 3 道防火涂料来进行防火，注意四个面都要涂上；木工板基层需涂刷 2 ～ 3 道的防潮涂料。若所在地区较为潮湿，在安装木龙骨之前，可对墙面先进行防潮处理，可铺贴防潮膜或涂刷防潮涂料。

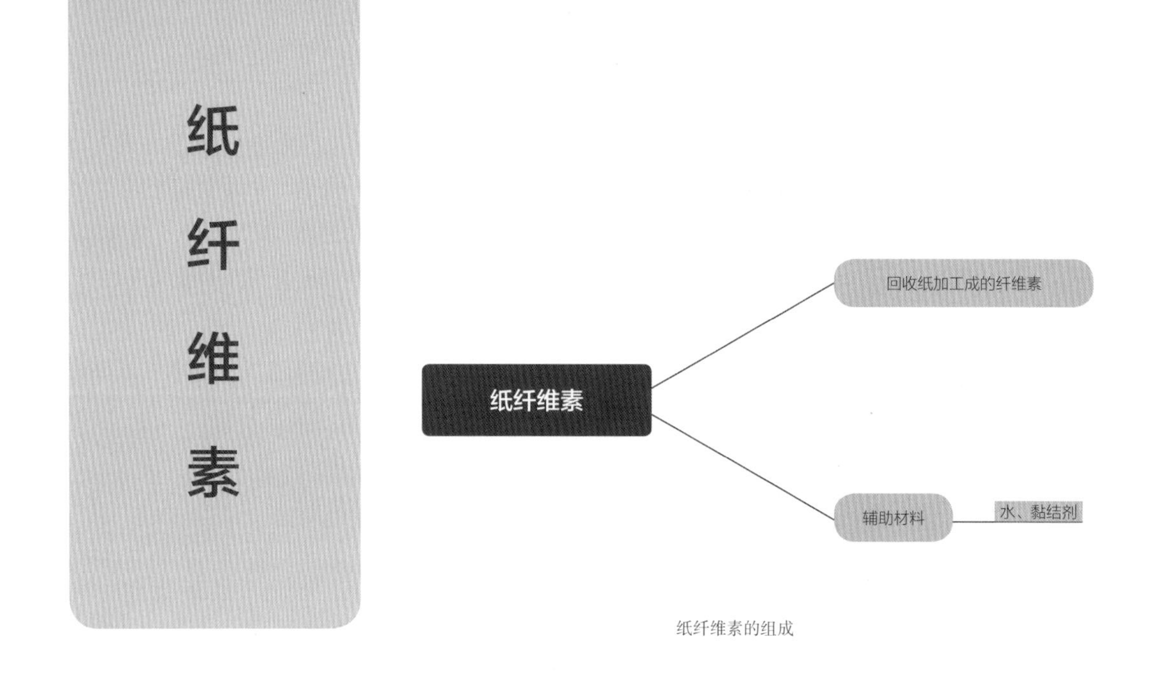

纸纤维素的组成

1. 材料特点

物理性能特点：纸纤维素是一种新型的保温隔热材料，近年来在欧洲、美国等发达国家和地区发展迅速，在我国因为技术原因，使用频率较低。与其他保温材料相比，它具有诸多优点：热稳定性非常好，热导率和热阻受密度及温度的影响很小；生产耗能小，且生产过程中不会产生二氧化碳气体；利用废纸制造，生态、环保，并且可回收再利用；经过阻燃处理后，防火等级可达到 60min。多用于阁楼和木框架结构建筑内的保温施工，也可用于室内墙面的保温。

原料分层特点：纸纤维素的主要成分为回收纸，如报纸、使用过的复印纸、书本等。纤维素本身是类似粉末状的材料，因此在施工时，还需要加入水和黏结剂，使之凝结成板状或块状材料。从施工角度来说，可分为填充材料和结构材料两部分。

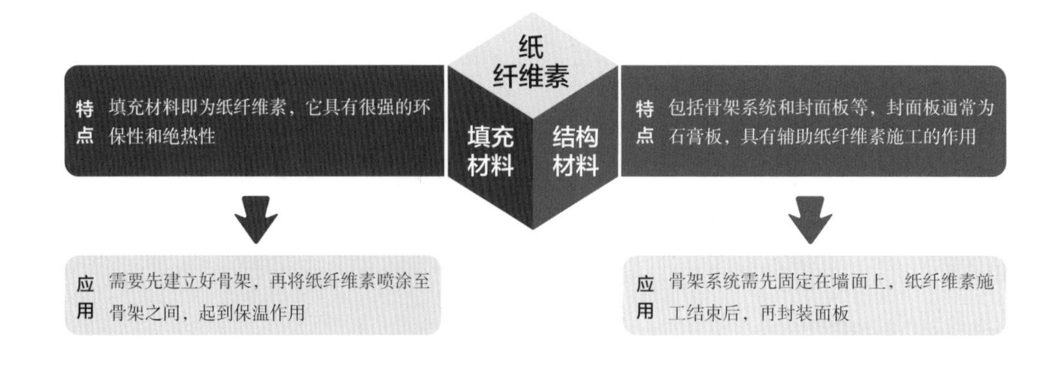

2. 施工形式

国外建筑多为低矮或自建的木结构，因此纸纤维素多选择“吹”法来施工，而我国多为钢结构建筑，因此需采用湿法喷涂技术来进行施工。即先在墙面安装木骨架，而后将纸纤维素、水和黏结剂混合，用喷涂的方式喷到木骨架之间，成型后用工具将表面刮平，完全干燥后封装面板，面板上再叠加装饰层。

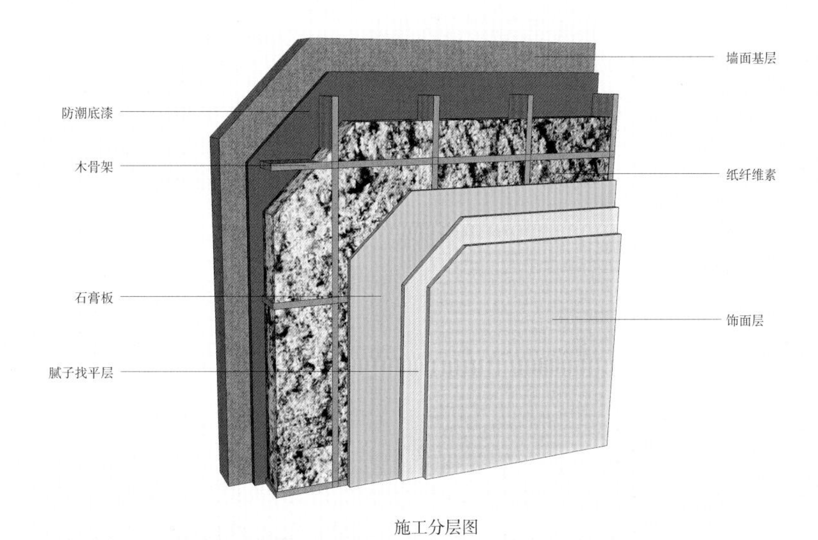

施工分层图

纸纤维素的原始状态

纸纤维素胶结后的状态

小贴士

黏结剂的选择很重要

因为纸纤维素的原料为回收纸，具有易黏结的特性，所以可选择的黏结剂范围也较为广泛。纤维素本身和水均为无毒材料，为了保证整体工程的环保性，黏结剂的环保性能就显得尤为重要，若其有害物含量超标，则会影响整个工程，因此应特别注意。

内墙保温涂料

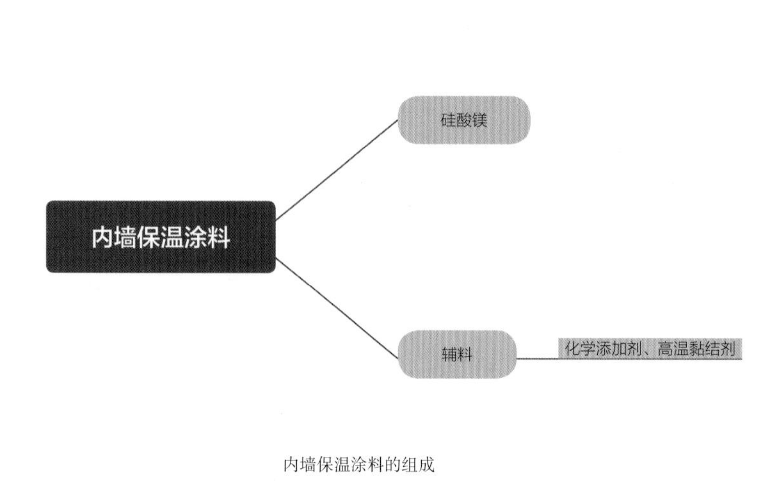

内墙保温涂料的组成

1. 材料特点

物理性能特点：内墙保温涂料是一种新型的内墙保温材料，它集封闭微孔结构与耐碱玻璃纤维网格布结构为一体。热导率低，保温性能优良，不易老化，无毒无味，具有一定的防水防潮性能，还可有效防止墙面的裂缝，在规定的使用温度范围内保温性能可长期不减，施工简单、无损耗。主要用于室内墙面部分的保温工程。

原料分层特点：内墙保温涂料的主要成分天然矿物质——硅酸镁，添加化学添加剂和高温黏结剂后经过一系列工序制成，是一种干粉状材料，施工时需加入清水搅拌成膏状再使用。从施工角度来说，可分为保温层和饰面层两部分。

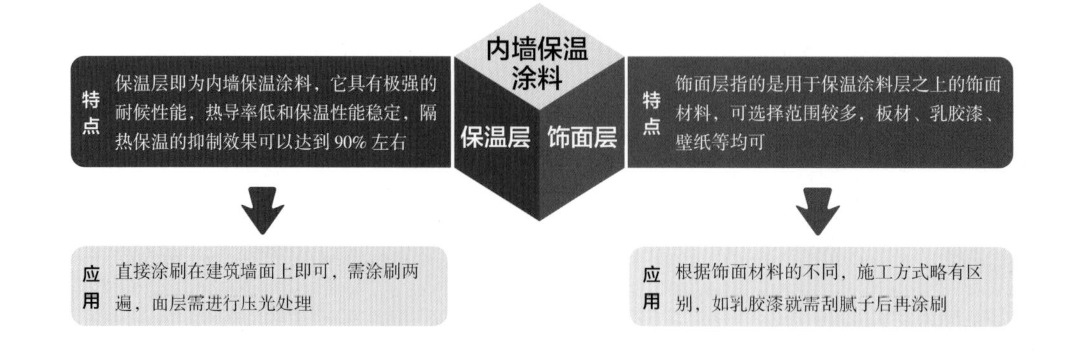

2. 施工形式

内墙保温涂料的施工方式为刮涂。将干粉料加入适量清水搅拌成膏状，用托板和铁抹子直接抹于墙面，用力压实以防空鼓，第一遍涂抹的厚度应不超过 10mm，风干后再进行第二遍涂抹并压实，厚度不应超过 20mm，再用专用面层料压光至设计标准，窗口、护角与保温层连接处，粘贴耐碱玻璃纤维网格布。完全干燥后，再刮腻子或进行其他饰面材料的施工。

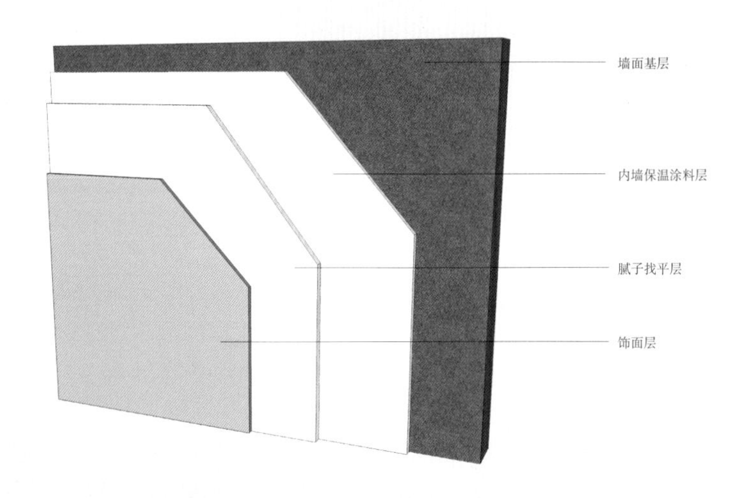

施工分层图

墙面拉毛处理

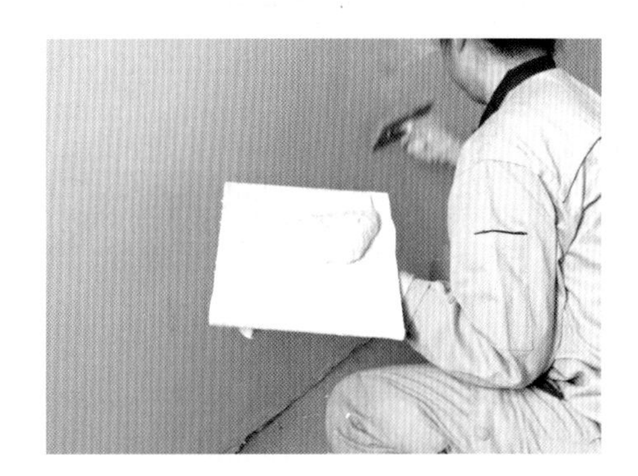

刮涂内墙保温涂料

小贴士

准备工作需先做好

内墙保温涂料在涂刷前，为了保证其与基层结合的牢固度，需先对原建筑墙面进行处理，要求墙面坚实平整，表面干燥，无开裂、空鼓、松动或泛碱现象，平整度符合要求（清水墙面平整度允许误差为 5mm，混水墙面平整度允许误差为 8mm），并先做好水泥拉毛处理，拉毛长度应≤ 5mm。

玻化微珠保温砂浆

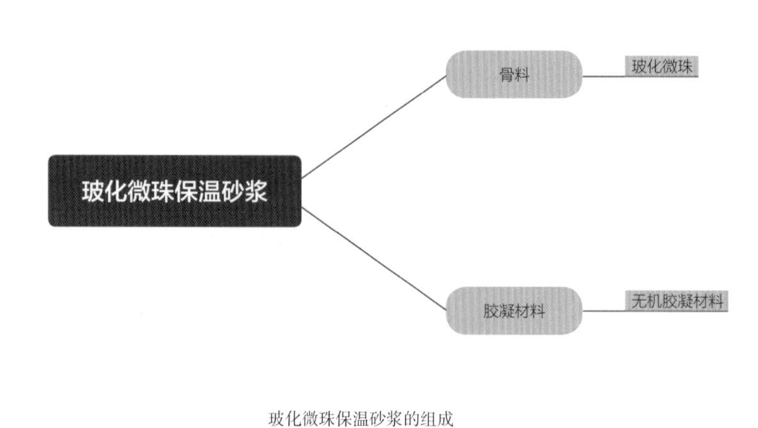

玻化微珠保温砂浆的组成

1. 材料特点

物理性能特点：玻化微珠是一种环保型、高性能、新型无机轻质绝热材料，呈不规则球状体颗粒，内部为多孔的空腔结构，理化性能稳定。质轻、吸水率小，具有优异的绝热、防火、保温、吸音性能。以玻化微珠为轻质骨料制成的单组分保温干混砂浆，具有良好的和易性、保水性，附着力强，面层不空鼓。适用于钢筋混凝土、加气混凝土砌块、多孔砖、灰砂砖等墙体的内、外墙保温。

原料分层特点：玻化微珠保温砂浆由胶凝材料及骨料（玻化微珠）等材料组成，内墙保温砂浆所用胶凝材料为石膏基，外墙保温砂浆则为水泥基，施工时现场加水调和即可使用。从施工角度来说，可分为保温层和辅助层两部分。

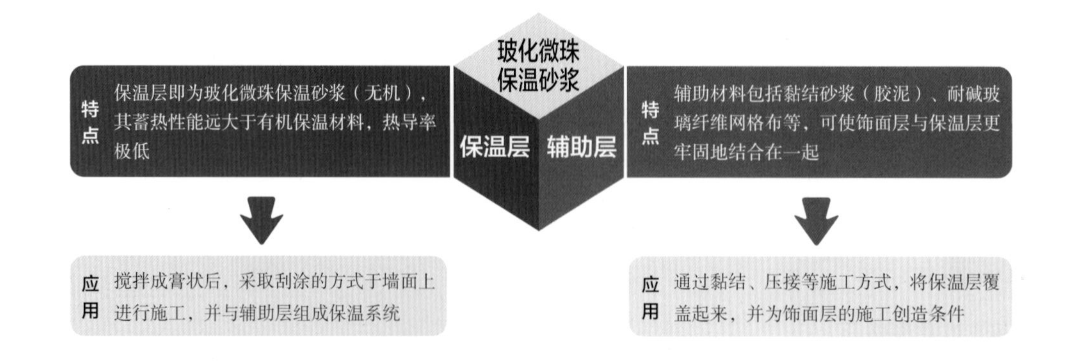

2. 施工形式

玻化微珠保温砂浆的施工方式为刮涂。先将水和粉料按要求混合后用电动搅拌器搅拌成均匀、无颗粒的膏状，而后用刮刀均匀抹于工作面上。保温层刮涂第一遍时要求尽力将玻化微珠保温砂浆压实，待自然养护干燥 3 ~ 4h 后再涂抹 2 ~ 3 遍，并找平压光。基本干燥后开始抹面胶泥和耐碱玻璃纤维网格布的施工（除了此法外，还可参考膨胀珍珠岩砂浆的施工方式）。

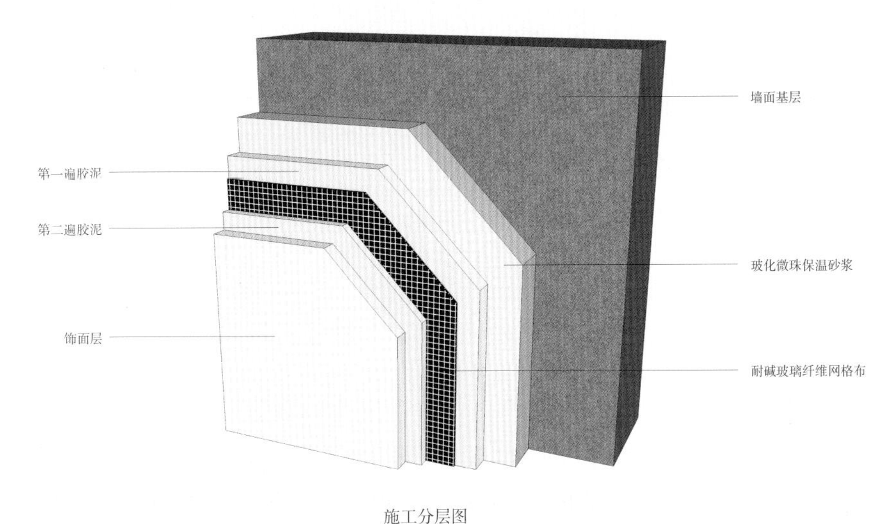

施工分层图

玻化微珠保温砂浆

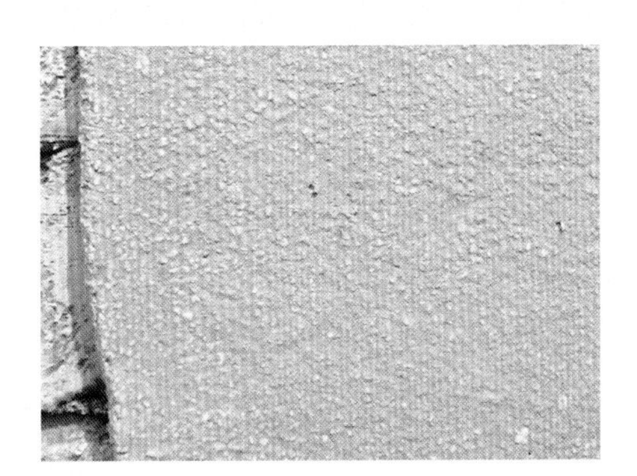

固化后的玻化微珠保温层

小贴士

施工注意事项

①建筑墙面基层表面应无粉尘、无油污及无影响黏结性能的杂物。

②每遍保温砂浆的刮涂厚度以 15 ~ 20mm 为宜，单次最大厚度不应超过 35mm。

③搅拌好的玻化微珠保温砂浆必须在 1h 内用完。

膨胀珍珠岩保温砂浆

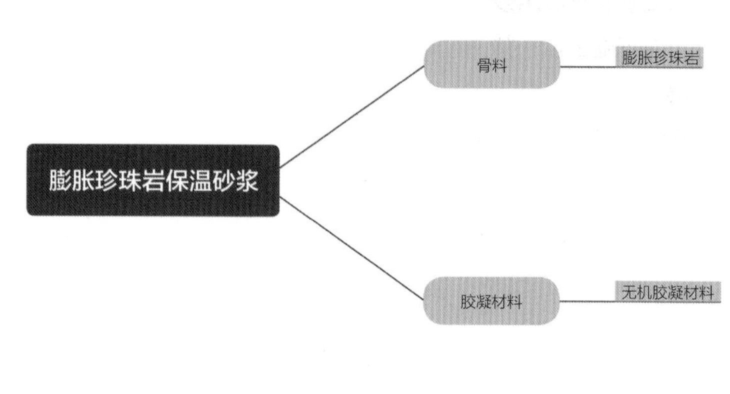

膨胀珍珠岩保温砂浆的组成

1. 材料特点

物理性能特点：膨胀珍珠岩是一种天然酸性玻璃质火山熔岩，包括珍珠岩、松脂岩和黑曜岩等，在一定温度条件下其体积会迅速膨胀，所以称为膨胀珍珠岩，具有高效的保温、保冷作用，应用范围广泛。但膨胀珍珠岩吸水率高，耐水性差，使用后期容易出现开裂、空鼓等问题。与玻化微珠相同，为了便于施工，常调和成砂浆后再施工。

原料分层特点：膨胀珍珠岩保温砂浆由胶凝材料及骨料（膨胀珍珠岩）等材料组成，施工时现场加水调和即可使用。从施工角度来说，可分为保温层和辅助层两部分。

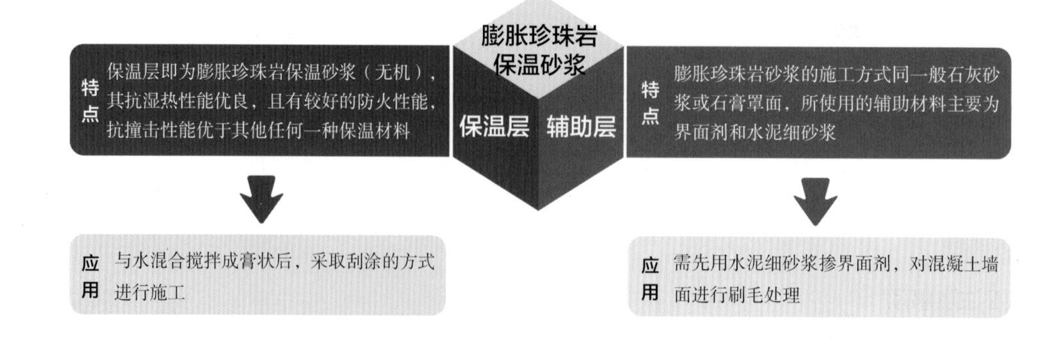

2. 施工形式

膨胀珍珠岩保温砂浆与玻化微珠保温砂浆一样，都属于无机保温砂浆，除了如玻化微珠保温砂浆一般用砂浆和耐碱玻璃纤维网格布等辅助施工外，还可如一般的石灰砂浆或石膏罩面进行施工。一共需进行三次抹涂施工，底层砂浆的厚度宜为 15 ~ 20mm，分层操作；中层砂浆的厚度宜为 5 ~ 8mm，待中层稍干时用木抹子搓平，至 6 ~ 7 成干时，再抹面层砂浆。完全干燥后再进行饰面施工。

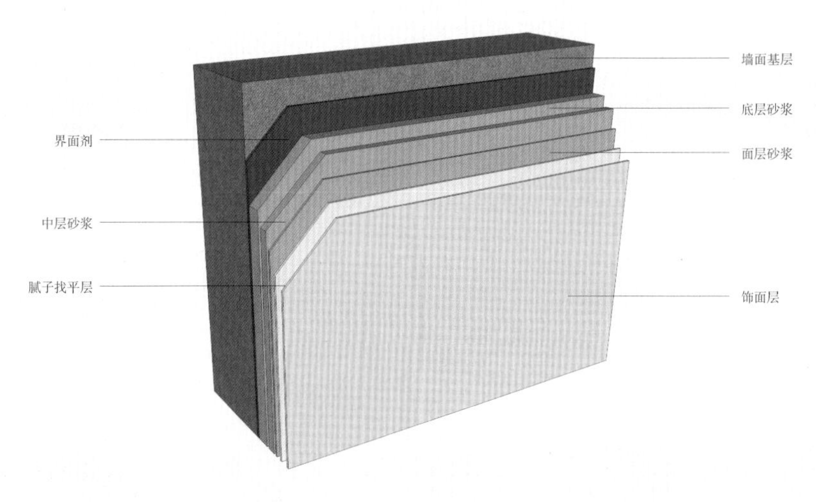

施工分层图

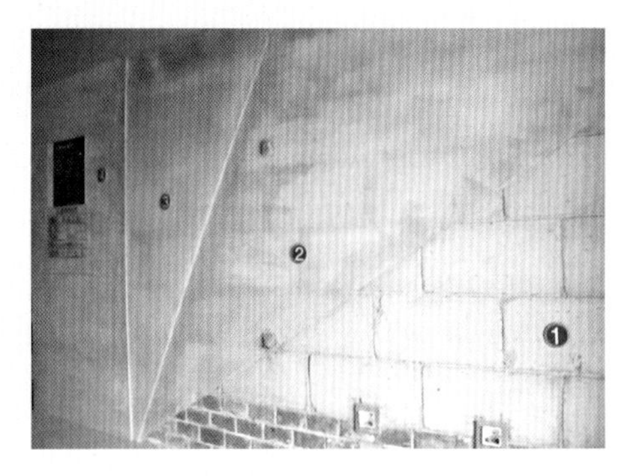

共涂抹三遍砂浆

砂浆上层刮腻子后即可刷乳胶漆或贴壁纸

小贴士

施工注意事项

①基层需适当湿润，但因膨胀珍珠岩砂浆有良好的保水性，所以不宜过湿。

②如基层表面有油迹，应先用 5% ~ 10% 的火碱水溶液清洗两三遍，再用清水冲刷干净。

③开始抹灰前，先用水泥细砂浆掺界面剂进行刷毛处理，甩点要均匀，毛刺长度不宜大于 8mm。

CHAPTER TWO

消音材料是指可以减弱声音的一类材料，包括吸音材料、隔音材料和减震材料三类，它们在室内均有弱化噪声的作用。

第二章

消音材料

当前，噪声已成为一种主要的环境污染，随着人们生活品质的不断提高和环保意识的日益增强，居住环境的噪声问题得到了普遍的关注。而现今中国的居住建筑多为楼房，各住户之间仅靠墙或楼板来间隔，若不做消音措施，一点重音都会成为噪声。为了保证生活环境的安静，在进行室内装饰装修时，越来越多的人开始使用消音材料。

消音材料可分为吸音材料、隔音材料及减震材料三种类型，虽然都能起到减弱噪声的作用，但它们具有不同的性能，原理也不同。

吸音材料：主要通过降低声音的反射来起到减弱噪声的作用，材质具有多孔、疏松且透气的特征，通常是用纤维状、颗粒状或发泡材料形成多孔性结构。对相邻房间传过来的声音，吸音材料也具有吸收作用。

隔音材料：指的是能够阻断声音传播或减弱透射声能的一类材料，质量越重、密度越大其效果越好，它基本不具备吸音性能。其主要作用是隔绝自声源房间向相邻房间传播的噪声，以使相邻房间免受噪声的干扰。隔绝噪声的性能优于吸音材料。

减震材料：是指能够有效减弱震动所产生声能的材料，通常用在地面上，与下层顶面的吸音、隔音材料组合使用，可起到辅助消音的作用。

吸音材料 ▶

隔音材料 ▶

消音材料的分类与用途如下。

消音材料	类别	材料	品种	用途
消音材料	吸音材料	多孔材料	吸音棉、吸音泡沫、毛毡等	用途：天花板、墙壁
		吸音板	木丝吸音板、特殊石棉吸音板、聚酯纤维吸音板等	用途：墙壁
		穿孔板	穿孔石膏板、穿孔木质板、石棉吸音板等	用途：天花板、墙壁
		薄板	胶合板、纤维板、石膏板、金属板等	用途：天花板、墙壁
		其他材料	榻榻米及地毯等	用途：地面
	隔音材料	隔音建材	钢板、铅板、实心砖块	用途：墙壁
		隔音板材	石膏板、纤维板、木地板等	用途：天花板、墙壁、地面
		隔音卷材	隔音毡、阻尼隔音毯、隔音垫等	用途：墙壁、地面
		其他隔音材料	地毯、榻榻米等	用途：地面
	减震材料	橡胶减震垫	天然橡胶减震垫、合成橡胶减震垫等	用途：地面

吸音棉

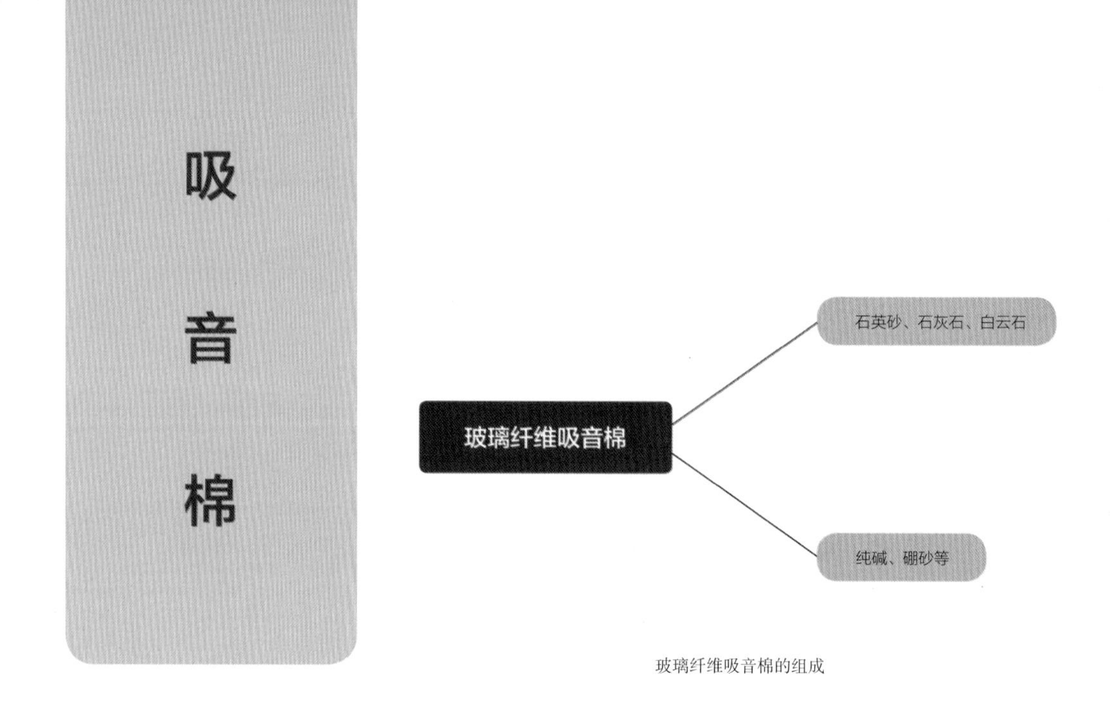

玻璃纤维吸音棉的组成

1. 材料特点

物理性能特点：吸音棉指的是具有吸音性能的棉类材料，通常是由人造无机纤维制成的。具有吸音率高、隔音性能好、隔热性好、绿色环保等特点。可代替岩棉或玻璃棉用于轻钢龙骨石膏板结构的轻体墙隔墙，代替海绵等用于软包制作等，主要用于墙面部位的吸音工程。

原料分层特点：吸音棉的种类较多，这里以玻璃纤维吸音棉的组成为例，它采用石英砂、石灰石、白云石等天然矿石为主要原料，加入如纯碱、硼砂等化工原料熔成玻璃。在熔化状态下，借助外力吹制后甩成絮状细纤维，纤维之间成交叉立体结构，形成孔隙，为一体式材料。从施工角度来说，它可分为吸音层和骨架两部分。

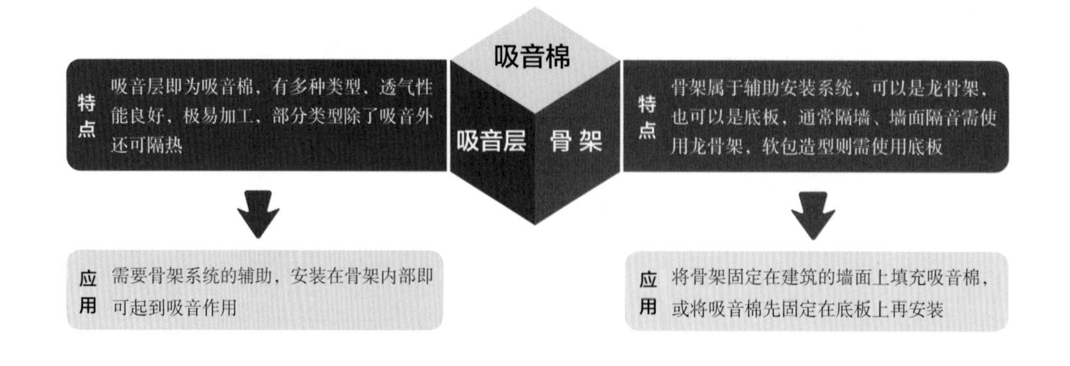

2. 材料分类

吸音棉可分为平面棉和立体棉两大类。

3. 施工形式

吸音棉的施工形式通常有墙面施工和顶面施工两种，其中，墙面施工分为实体墙施工和隔墙施工两类。

（1）墙面施工

实体墙施工：是指在建筑原有墙面上直接做隔音施工。需先在墙面固定龙骨架（木龙骨施工较为便捷，若有强度要求，也可使用轻钢龙骨），而后裁切吸音棉，将其填充到骨架格内，完成后，固定隔音阻尼毡（可用气钉，也可使用万能胶粘贴），最后用自攻螺钉锁住石膏板。

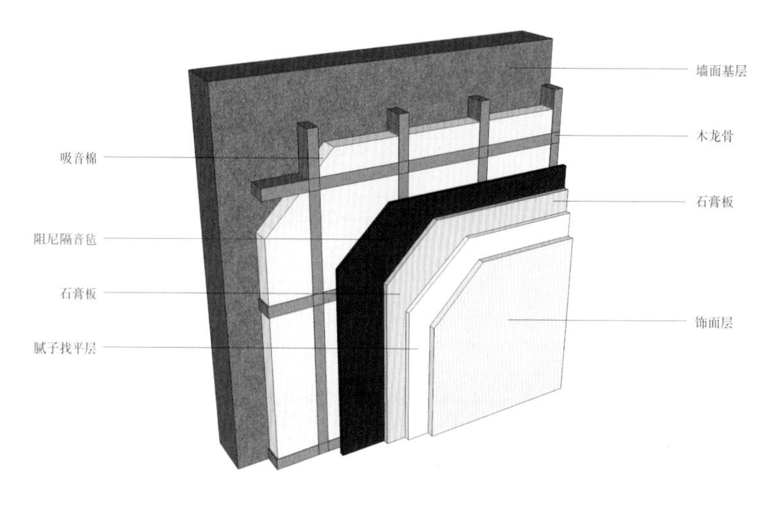

施工分层图

隔墙施工：是指根据需要用龙骨架建造的间隔类轻体墙。需要先建立隔墙骨架，骨架通常使用轻钢龙骨，而后在两层骨架中塞入吸音棉，双面封装石膏板，固定隔音阻尼毡，再封装一层石膏板，石膏板面层处理同实体墙。

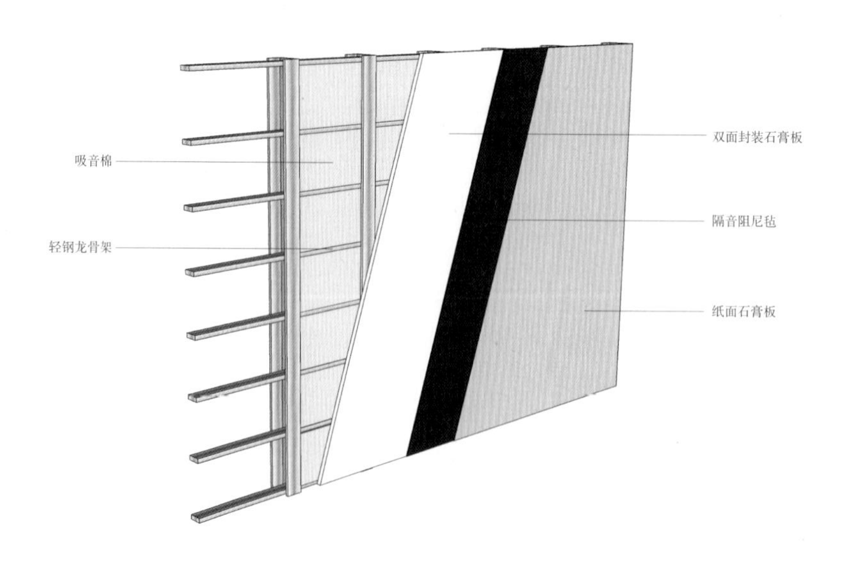

施工分层图

（2）顶面施工

吸音棉的顶面施工可分为平面吊顶和吊顶施工两种方式。平面吊顶是在建筑原顶面直接安装骨架，而后固定吸音的施工方式；吊顶施工是指用吊杆固定龙骨，上方距离原顶面有一定距离的施工方式，吸音棉的固定位置同样是在石膏板上方的骨架格之间，为了保证吸音效果，与墙面一样通常都需要隔音毡的辅助。

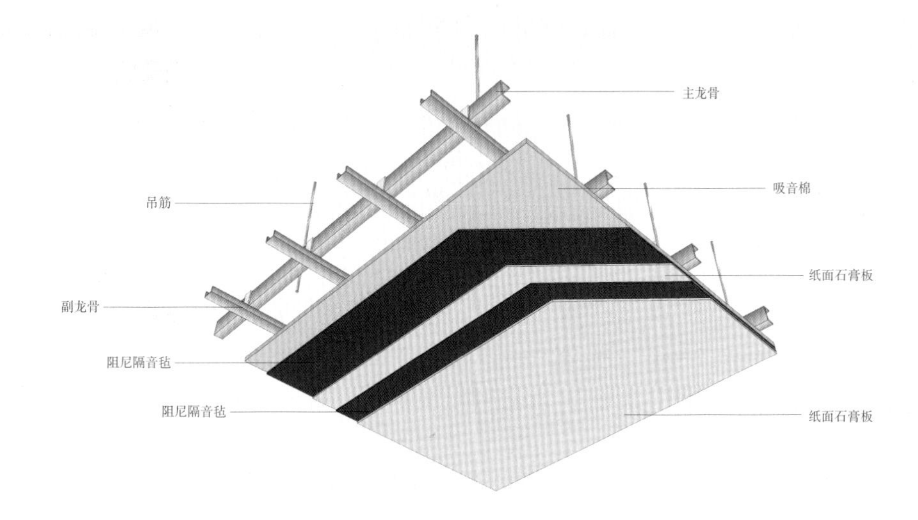

施工分层图

木龙骨骨架平顶吸音棉吊顶

轻钢龙骨骨架平顶吸音棉吊顶

小贴士

施工注意事项

①为了避免开裂，顶面部分不同行、不同列的石膏板之间应做错缝处理，且缝隙处应做 V 形槽，而后刮腻子填缝，贴防裂胶带后，再进行刮腻子施工。

②对吸音性能要求严格的场所，龙骨之间、龙骨与墙之间等缝隙处应使用隔音密封剂进行密封。

穿孔石膏板

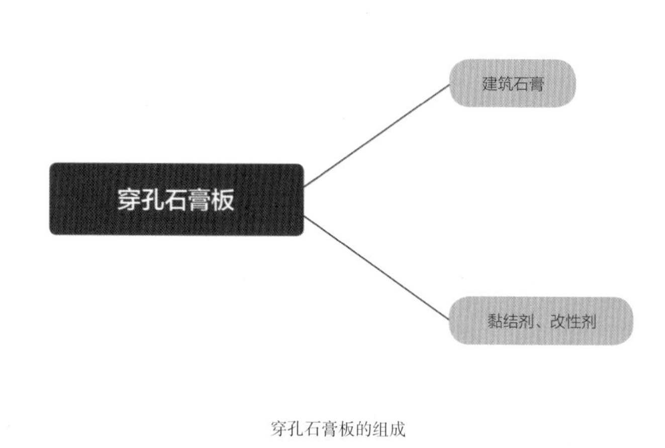

穿孔石膏板的组成

1. 材料特点

物理性能特点：穿孔石膏板属于石膏板的一种，具有吸声能力优良，可有效控制声波反射，防火、轻质、高强度、收缩率小等特点，且稳定性好、不老化、防虫蛀、施工简单。与其他石膏板不同的是，这种石膏板上做了很多小孔，声音穿过这些小孔后，通过共振即可大量地消耗声音能量，达到吸音的目的。多用于顶部的吸音工程，若有需要，也可装饰墙面。

原料分层特点：穿孔石膏板的主要原料为建筑石膏，添加了一定量的黏结剂、改性剂经混炼压制、干燥而成，属于一体式的吸音材料。从施工角度来说，它可分为吸音层和骨架两部分。

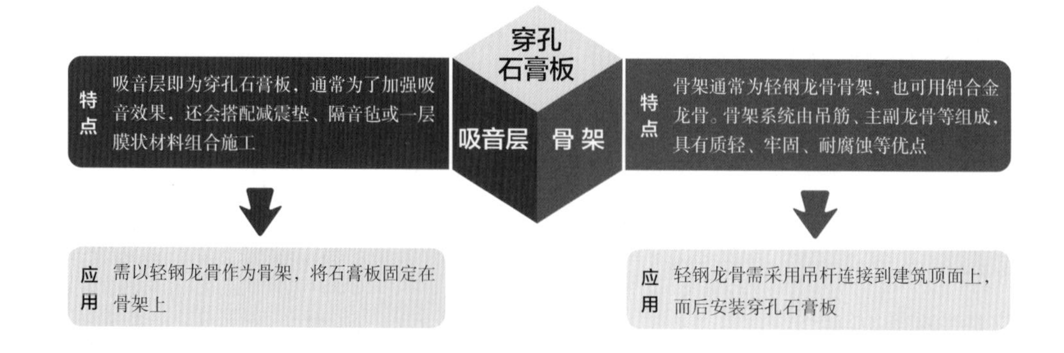

2. 施工形式

穿孔石膏板的固定有活动式、隐藏式和胶粘三种施工方式。活动式的吸音穿孔石膏板与铝合金龙骨或 T 形轻钢龙骨配合使用，龙骨吊装完成后，板块搁置在龙骨的翼缘上，并用压板固定; 隐藏式吊顶的吸音穿孔石膏板与 U 形(或 C 形)轻钢龙骨配合使用，龙骨吊装找平后，在板角四块的交角点用自攻螺钉固定在龙骨上；胶粘则是用胶黏剂将穿孔石膏板直接粘贴在龙骨上。

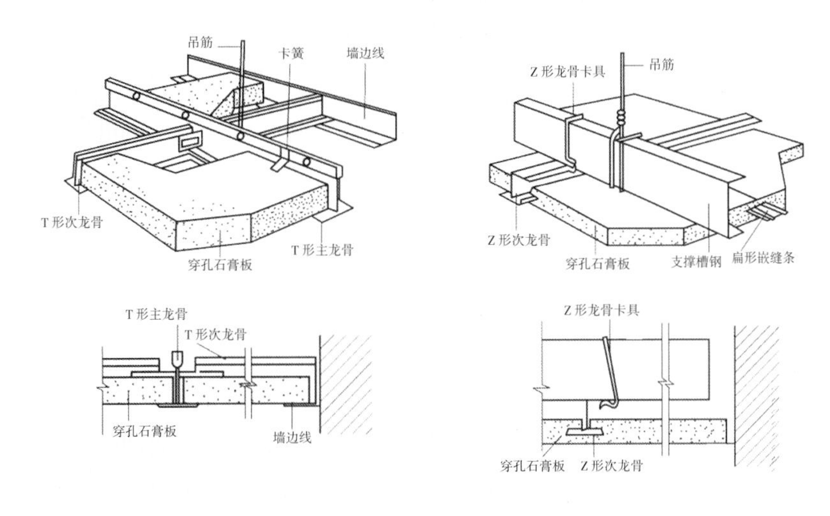

活动式及隐藏式施工分层图

轻钢龙骨架的吊装

完成后的吊顶面

小贴士

强化穿孔石膏板吊顶吸音效果的方式

若室内对吸音性能要求较高，可采取以下一种或两种方式来增强吸音效果。

①在原始吊顶上粘上一层 10mm 减震垫和一层 3mm 隔音毡后，再吊装龙骨架。

②在穿孔石膏板的背面粘贴一层膜状材料（如桑皮纸）或薄的吸音毡。

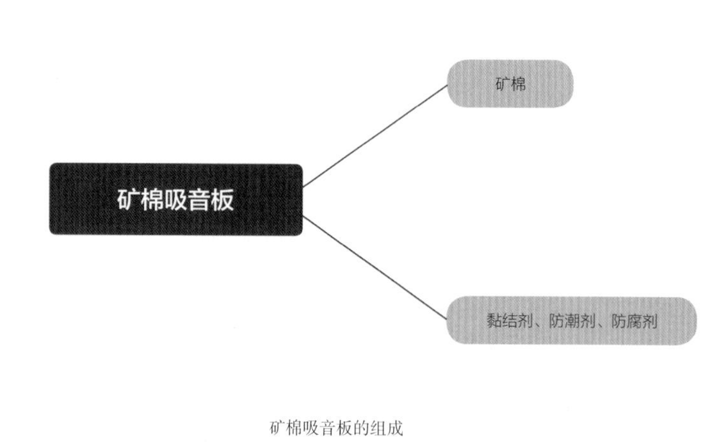

矿棉吸音板的组成

1. 材料特点

物理性能特点：矿棉吸音板具有显著的吸音性能，原料对人体无害，还可回收再加工，是一种环保且可循环利用的绿色建材。其表面处理形式丰富，板材有较强的装饰效果，同时具有防火、隔热、防潮、绝缘等特点，裁切简便、易于施工且施工方式多样，可组合出不同艺术风格的装饰效果。多用于顶部吸音工程，也可用来装饰墙面。

原料分层特点：矿棉吸音板的主要原料为矿棉，添加一定量的黏结剂、防潮剂、防腐剂经加工、烘干而成，表面可滚花、冲孔、覆膜、撒砂等，还可制成浮雕板，属于一体式的吸音材料。从施工角度来说，它可分为吸音层和骨架两部分。

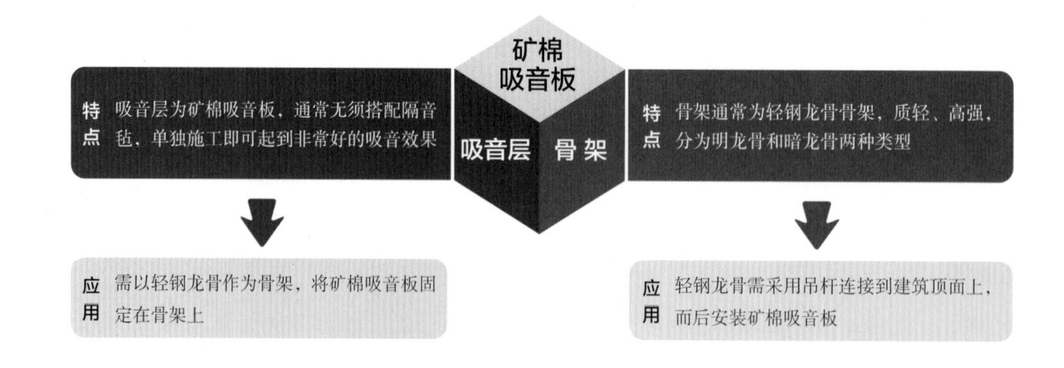

2. 材料分类

矿棉吸音板按照表面处理方式可分为毛毛虫板、针孔板、穿孔板、喷砂板、条纹板和浮雕立体板等多种类型；按板型可分为单层板和跌级板两类。

3. 施工形式

矿棉吸音板施工较为常用的有暗架及明架两种形式，均需配合 T 形龙骨来施工。

（1）暗架吊顶

暗架吊顶即为完全不显露 T 形龙骨的施工方式，在吊顶下方完全看不到龙骨。安装时采用 T 形龙骨将中开槽矿棉板逐一插入 T 形龙骨架中，板与板之间用插片连接，是不可开启的暗架方式。若有检修需求则需要特别设计检修口，较为麻烦，不建议在有设备检修需求的房间使用。

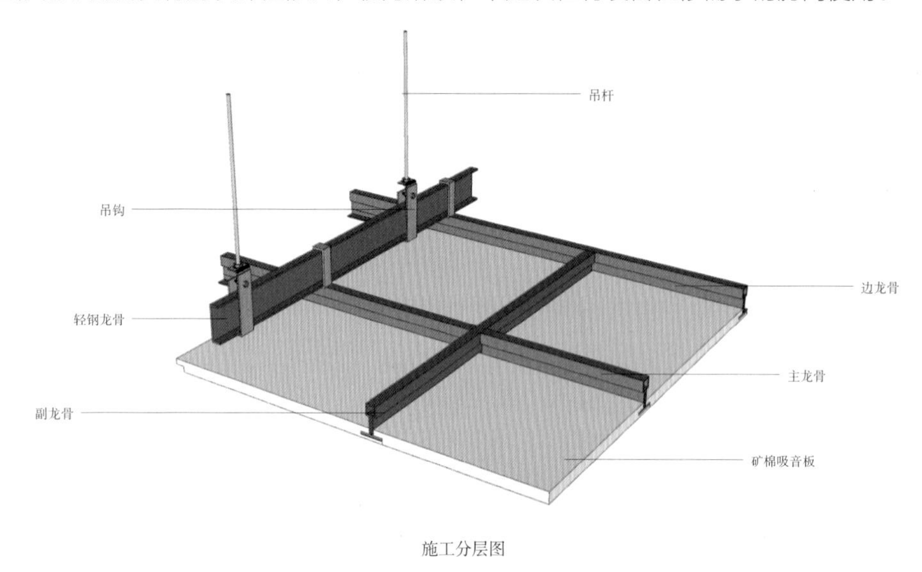

施工分层图

（2）明架吊顶

龙骨底边露在板面外，从下方可清楚地看到，称为明架吊顶，一般情况下为不上人吊顶。由于吊顶板浮在 T 形龙骨上，吊顶板可托起，便于检修。T 形龙骨的可选择型号较多，选择的款式不同，产生的效果也不相同。明架吊顶还可分为平板和跌级板两种类型。

平板：矿棉吸音板搁在由 T 形龙骨组成的方框内，板搭在龙骨上即可。

跌级板：跌级板带有底边，在安装时将 T 形龙骨的底边卧在跌级底边内即可。

龙骨架安装

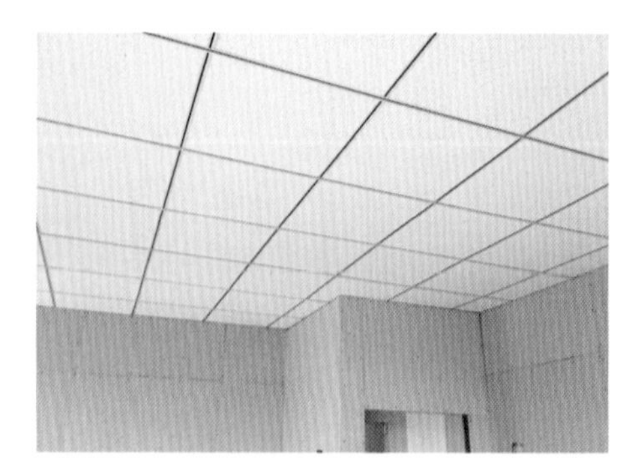
平板安装后的效果

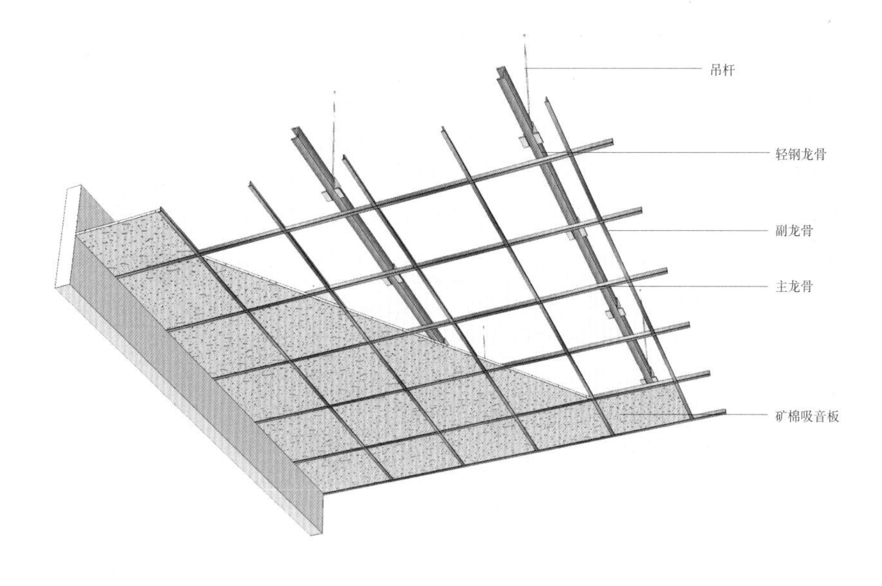

平板明架施工分层图

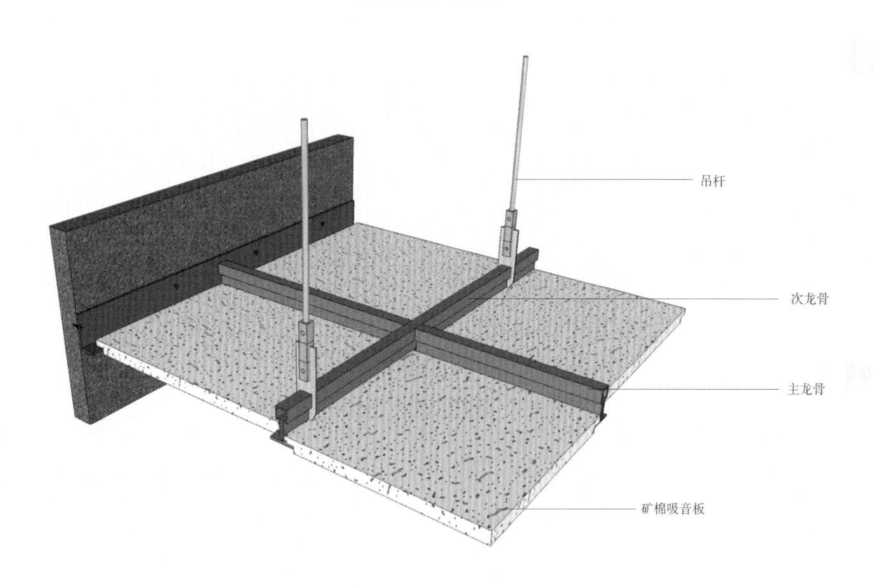

跌级板明架施工分层图

小贴士

施工注意事项

①龙骨的安装顺序为：吊筋→主龙骨→次龙骨→边龙骨→ T 形龙骨，安装完成后需检查龙骨系统的水平度，先调整边龙骨，再根据边龙骨的标高调整相应的副龙骨，如有必要可调整相应的主龙骨。

②在水电安装、试水、打压完毕后，应对龙骨进行隐蔽检查，合格后方可进行面板的安装。

聚酯纤维吸音板

聚酯纤维吸音板 —— 100% 聚酯纤维

聚酯纤维吸音板的组成

1. 材料特点

物理性能特点：聚酯纤维吸音板重量轻、表面稳定性好，具有较强的吸音、保温性能，花色丰富、品种繁多，防虫蛀且不发霉。施工简单，且能通过木工机具变换出多种造型，可根据需要进行拼花铺贴，装饰性强，还可根据不同的需要做各类涂料喷涂，可代替以往层板加海绵或玻璃纤维的传统软包工艺。可用于墙面及顶面的吸音工程。

原料分层特点：聚酯纤维吸音板由 100% 聚酯纤维经高技术热压制成，属于一体式的吸音材料，原料环保，对人体无害，可代替海绵、玻璃棉、石棉等材料制成软包造型。从施工角度来说，它可分为吸音层和基层两部分。

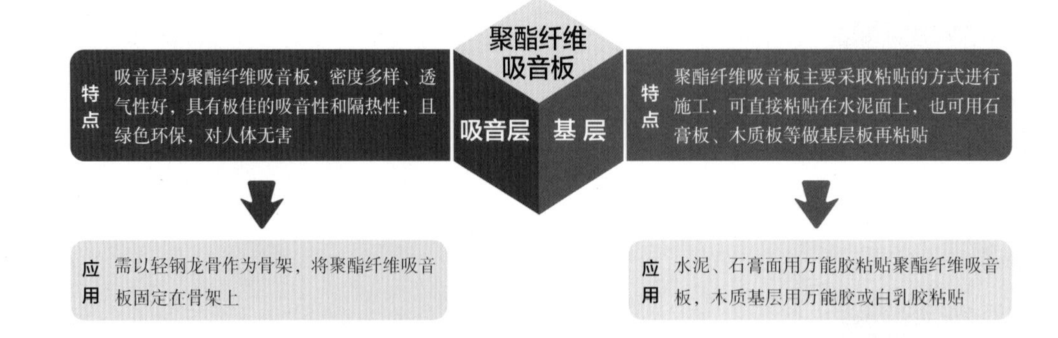

2. 施工形式

聚酯纤维吸音板可分为顶面施工和墙面施工两种形式，墙面施工又分为实贴和后空腔式粘贴两种方式。

（1）顶面施工

聚酯纤维吸音板的重量极轻，顶面施工主要采取实贴的方式，可直接粘贴在基面上，由于材料对胶水的吸收力较好，建议单面涂胶。水泥或木质基面可选择以氯丁橡胶为原料的无苯万能胶或白乳胶；纸面石膏板基面在不易受潮的前提下，可选用白乳胶或以纤维素为原料的墙纸胶，在容易或可能受潮的前提下，可选用万能胶。涂好后将吸音板粘贴在施工面上并按压牢固，为了加固，可在粘贴后配以纹钉。若想强化吸音效果，可在石膏板吊顶的石膏板上方叠加吸音棉（毡）。

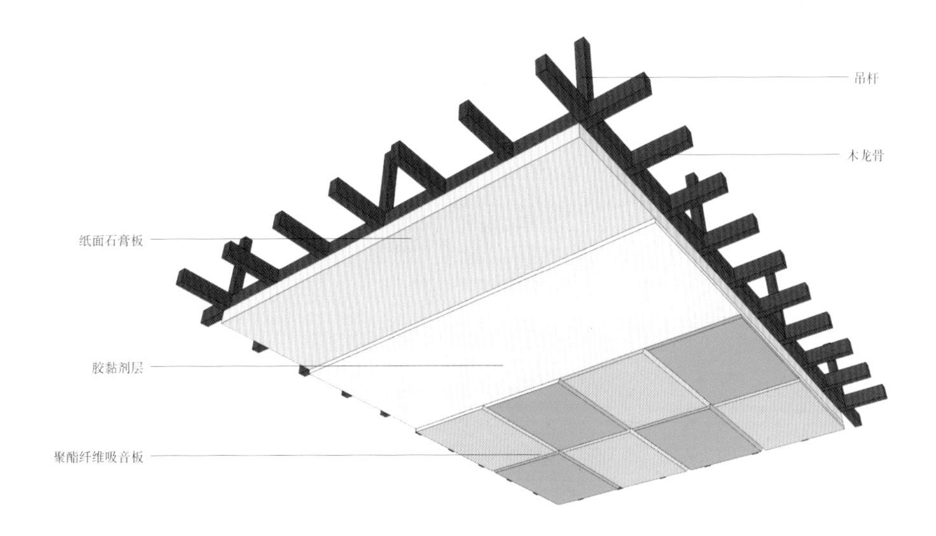

施工分层图

石膏板吊顶基层施工

聚酯纤维吸音板粘贴后的效果

（2）墙面施工

实贴施工：指的是将聚酯纤维吸音板直接用胶黏剂固定到墙上的施工方式，墙面要求光滑平整、无灰尘。此方式施工便捷、简单，主要起到装饰作用，兼有部分吸音效果。胶黏剂需根据基面的类型选择适合的种类，具体选用方式可参考顶面施工部分。

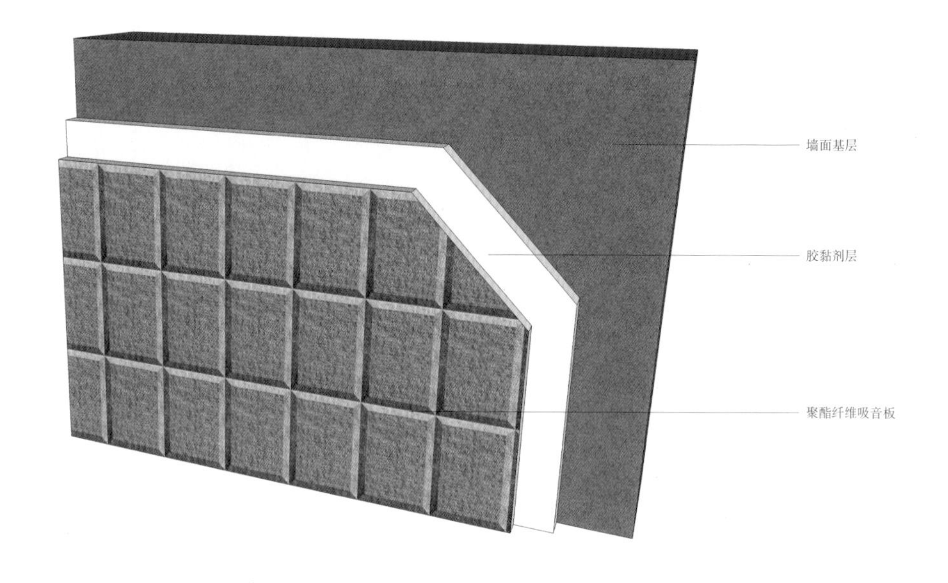

施工分层图

后空腔式粘贴施工：此种施工方式共分为六层结构。需先在墙面上固定隔音毡，而后组装龙骨架，龙骨架内部填充吸音棉，封纸面石膏板，最后粘贴聚酯纤维吸音板。此种施工方式既可满足装饰性，又具有很强的吸音性能。

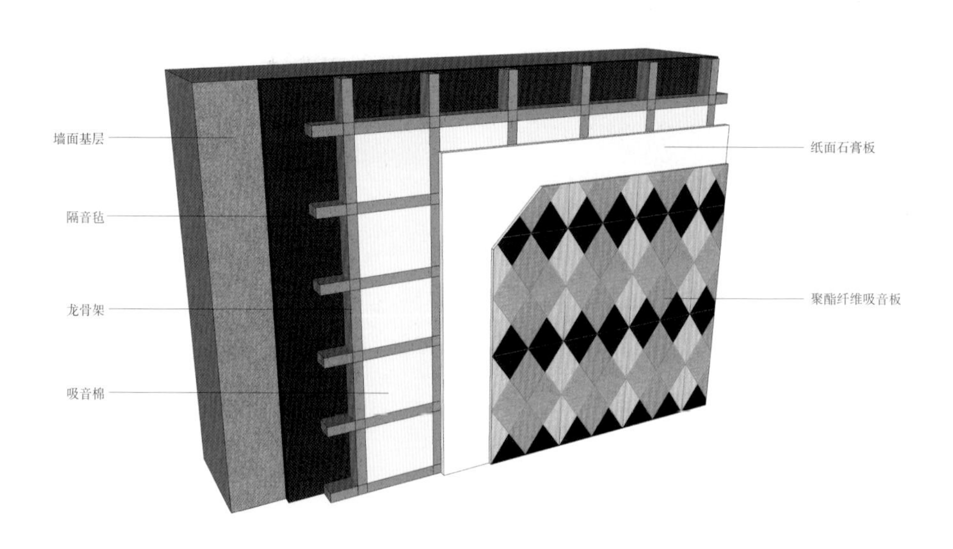

施工分层图

墙面固定隔音毡

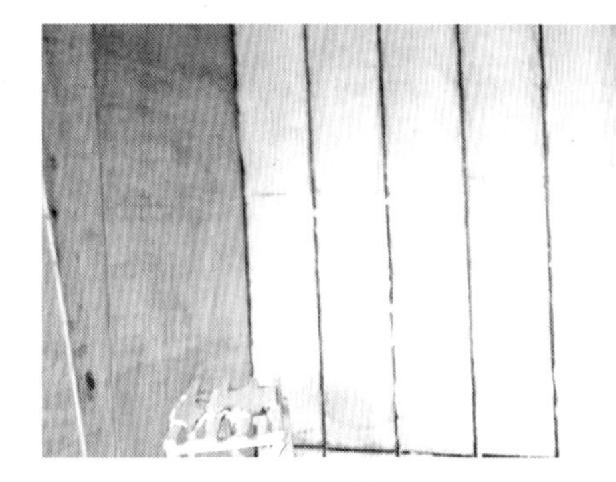

填充吸音棉

封纸面石膏板

聚酯纤维吸音板贴面

小贴士

施工注意事项

①开始施工前，需根据设计图纸在施工面上进行试排并进行位置的调整，特别是有拼花或拼色设计的方案，提前试排可避免施工出错，若面积较大可在施工面上弹出详细的安装线。

②裁切聚酯纤维吸音板时，应使用铝合金等材质的硬性靠尺及进口的美工刀片。

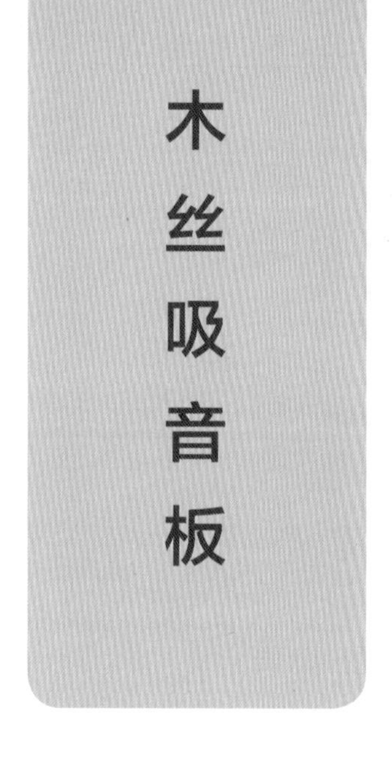

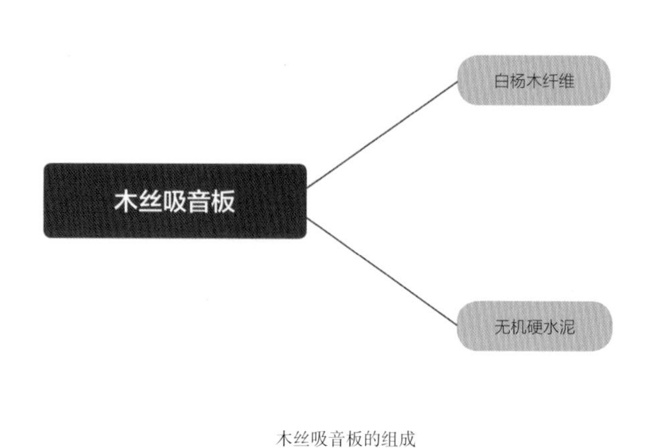

木丝吸音板的组成

1. 材料特点

物理性能特点：木丝吸音板是一种具有吸音性能的饰面材料，独有的表面丝状纹理，给人一种原始粗犷的感觉。它兼具木材和水泥的优点，如木材般质轻，如水泥般坚固，具有吸音、抗冲击、防火、防潮、防霉、隔热保温、经济耐用、使用寿命长等特点。表面可做饰面喷色和喷绘处理，喷涂可达六次。易于切割，安装方法简单，可用于顶面和墙面等部位的施工。

原料分层特点：木丝吸音板以白杨木纤维为主要原料，以无机硬水泥作为黏合剂，采用连续操作工艺，在高温、高压条件下制成。从施工角度来说，它可分为吸音层和骨架两部分。

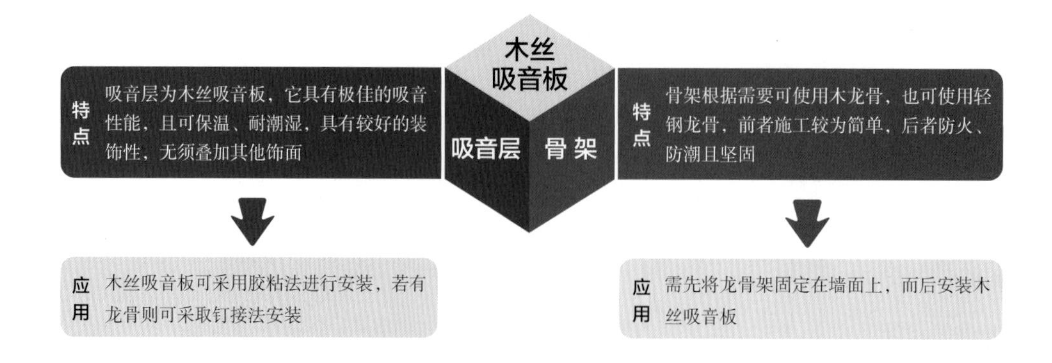

2. 材料分类

木丝吸音板根据形状可分为方形、长方形及六角形三种类型。

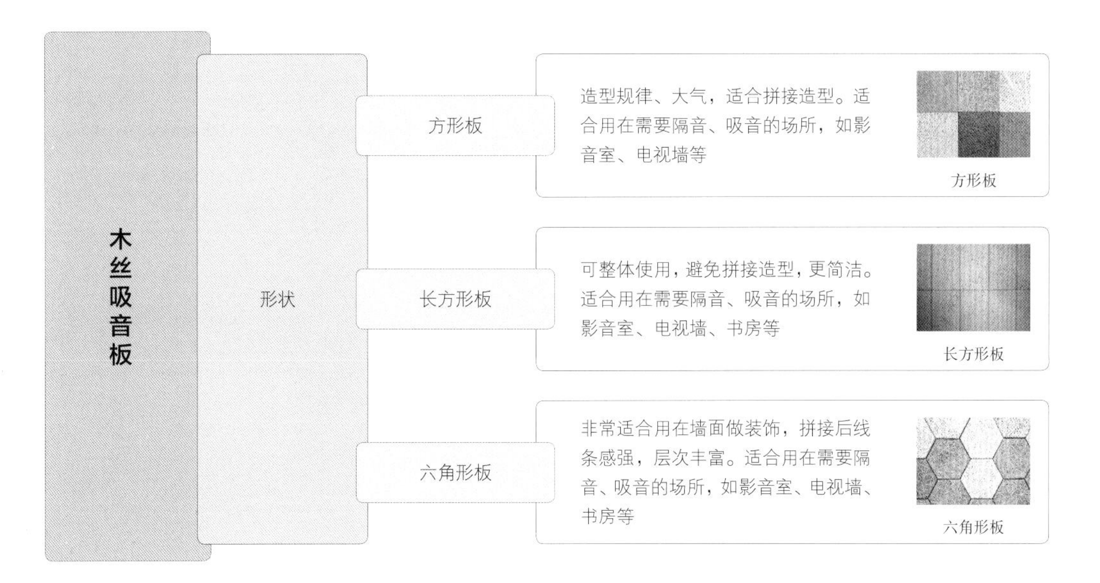

3. 施工形式

木丝吸音板的施工，可分为顶面和墙面两种施工形式。

（1）顶面施工——轻钢龙骨

轻钢龙骨吊顶：采用轻钢龙骨安装，需配合 T 形龙骨，多采用明架吊顶，施工方式和步骤可参考矿棉吸音板明架吊顶部分的内容。

木丝吸音板轻钢龙骨明架吊顶安装效果

（2）顶面施工——木龙骨

若采用木龙骨来固定木丝吸音板，需对木龙骨进行防火、防腐处理，而后安装木龙骨，在木龙骨架设完成后用自攻螺钉将木丝吸音板固定在木龙骨上即可。也可以在木龙骨下先安装石膏板，再将木丝吸音板粘贴到石膏板层上。接缝处可密拼、倒角、加装饰嵌条或留缝。

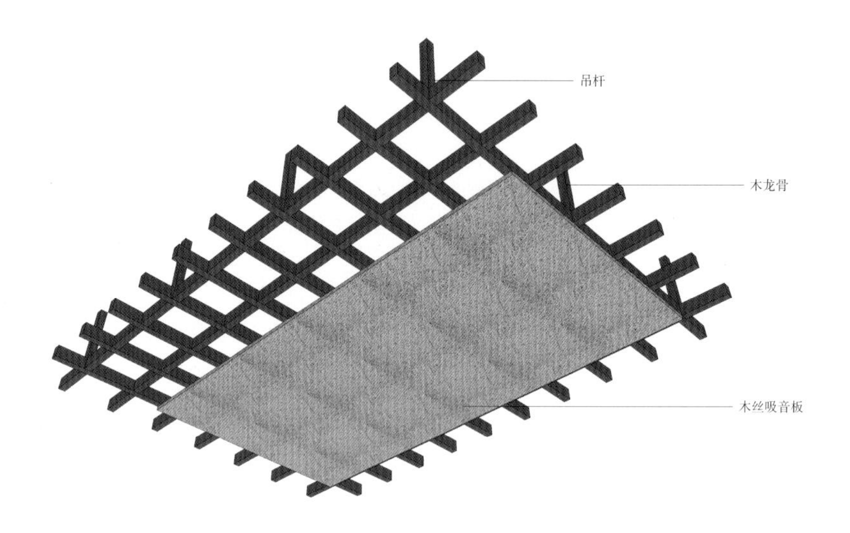

施工分层图

（3）墙面施工——骨架或骨架 + 隔音毡

骨架施工是指在墙面上固定龙骨，而后直接安装木丝吸音板的方式，若为了加强消音效果，也可叠加一层隔音毡。一般情况下，推荐使用木龙骨，木丝吸音板可使用钉子固定（钉子的长度应为面板厚度的 2 ~ 2.5 倍），钉眼用腻子补平，而后可喷涂乳胶漆；若为高层建筑或对防火性能要求较高时，则需使用轻钢龙骨，一般采用爆炸螺丝把小段的木垫片固定在轻钢龙骨上，然后将木丝吸音板固定在木片上。

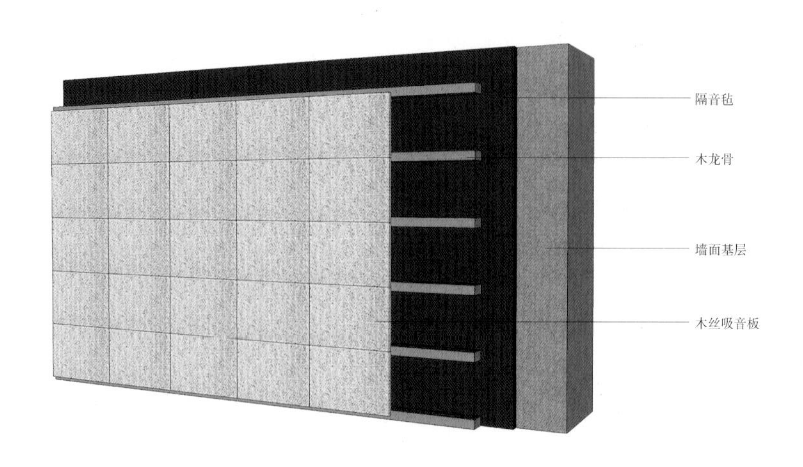

施工分层图

（4）墙面施工——材料辅助

与单骨架施工方式类似，但为了强化吸音效果，可使用隔音毡和吸音棉或单独的吸音棉进行辅助施工。

增加隔音毡和吸音棉的施工分层为：隔音毡、龙骨架、吸音棉（填充到骨架内）、木丝吸音板。若仅使用吸音棉辅助，去掉隔音毡即可。木丝吸音板的固定方式参考单骨架施工法。

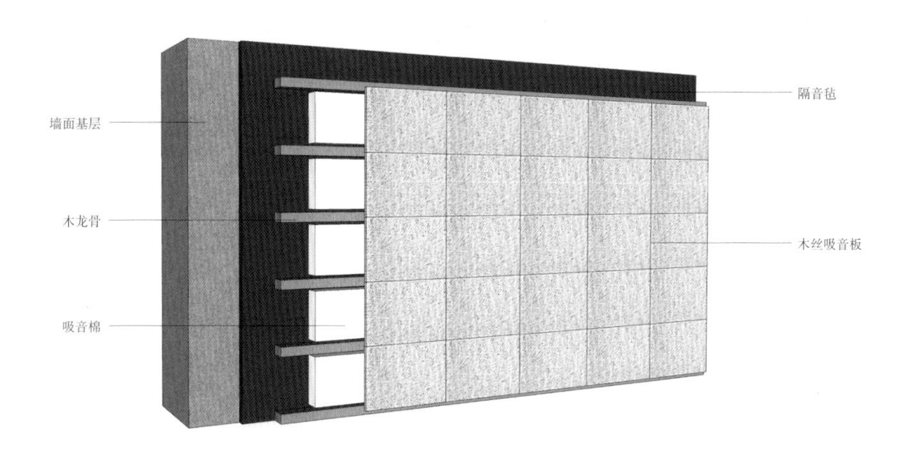

施工分层图

隔音毡及龙骨架施工

木丝吸音板墙面安装效果

小贴士

施工注意事项

①施工前，需先对基层进行处理，要求其干燥并清洁。注意不可在潮湿的基面进行施工，因为基层在封闭且潮湿的情况下，容易滋生细菌，有害于人体健康。

②为木丝吸音板上色时，保持所有地方都能均匀上色即可，不要喷得太厚，以免影响吸音效果。

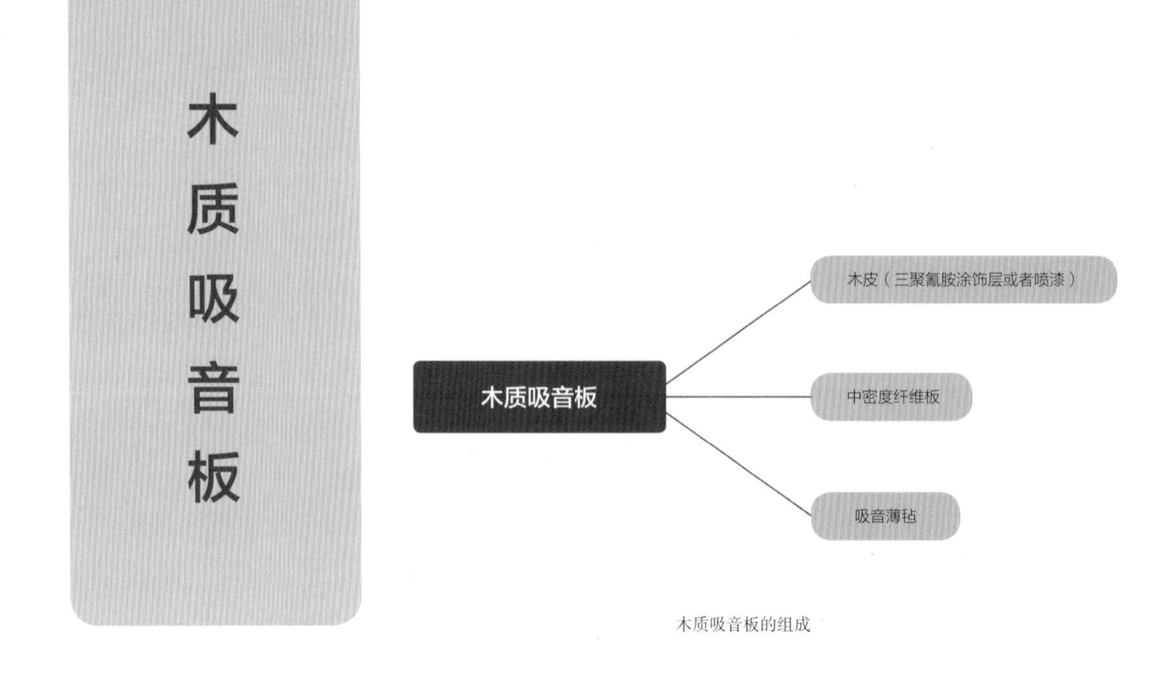

木质吸音板的组成

1. 材料特点

物理性能特点：木质吸音板是指木质板状的具有吸音降噪作用的材料，是根据声学原理精致加工而成的合成板材，吸音降噪效果出色，对中、高频吸音效果尤佳。它具有材质轻、不变形、强度高、造型美观、色泽优雅、种类多、装饰效果好、立体感强、组装简便等特点，适用于墙壁、天花板、隔离墙等部分的吸音工程。

原料分层特点：木质吸音板由饰面、芯材和吸音薄毡组成，芯材为中纤板、玻镁板等材质，面贴木皮层，背贴黑色吸音薄毡。按照其结构来说，可总体分为吸音层和饰面层两大部分。

2. 材料分类

木质吸音板，按照板材的加工形态可分为孔木吸音板和槽木吸音板两种类型；按照饰面材料可分为实木皮、科技木皮、免漆皮、防火皮等多种类型；按照芯材类型可分为中纤板和玻镁板等类型。

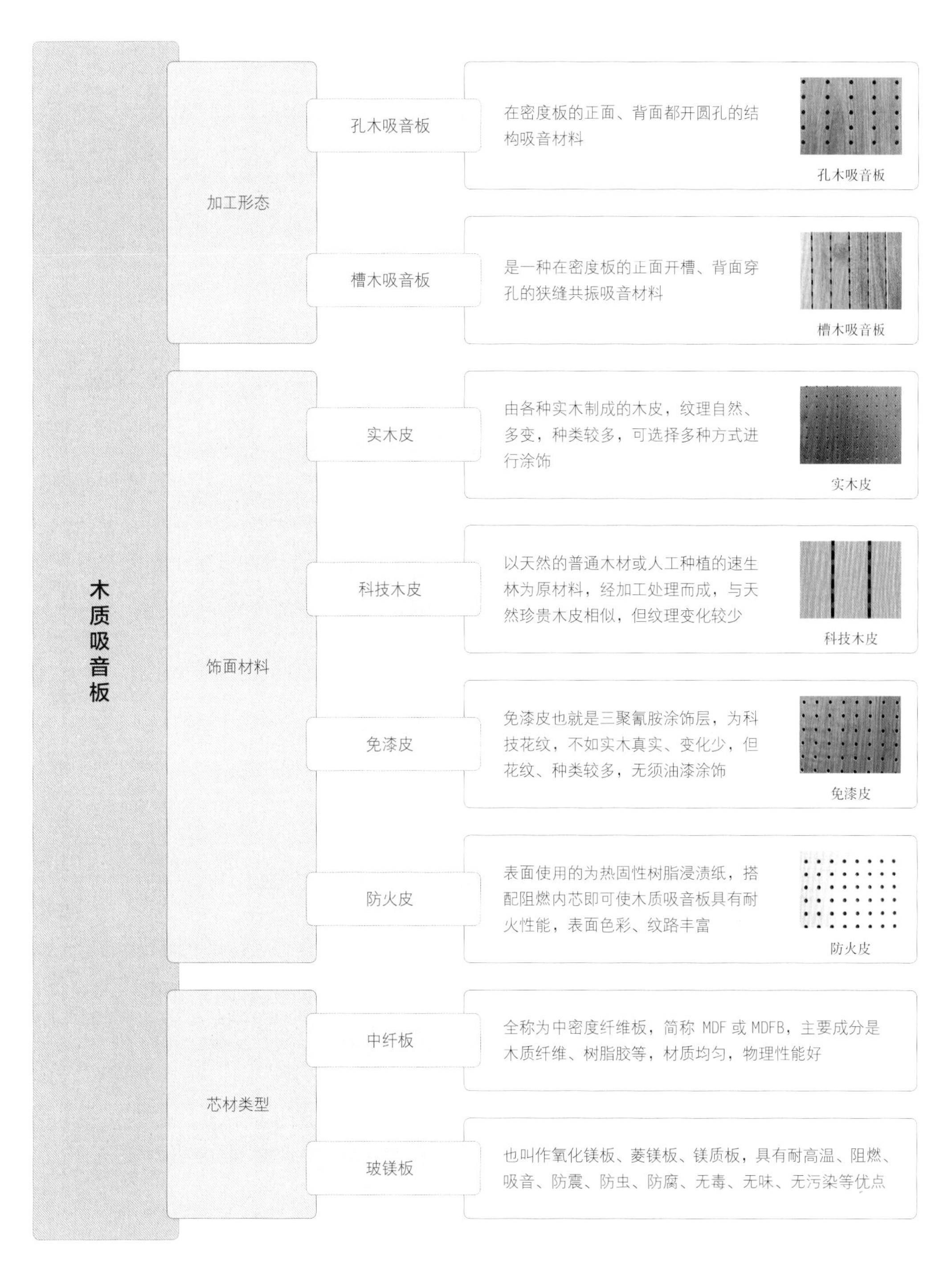

3. 施工形式

木质吸音板可用于顶面和墙面，但多用于墙面的吸音工程，因此这里重点介绍墙面施工，顶面施工方法基本相同，可参考墙面施工部分的内容。

（1）墙面施工——木龙骨

木龙骨上的吸音板需使用射钉固定，射钉必须有 2/3 以上嵌入木龙骨且分布要均匀，每块吸音板与每条木龙骨上连接的射钉数量不应小于 10 个。在安装下一块板时，凹凸卡槽拼接到已固定好的板上，再用枪钉固定即可。若想要强化吸音效果，可先固定隔音毡，再安装木龙骨，同时在木龙骨架之间塞入吸音棉。

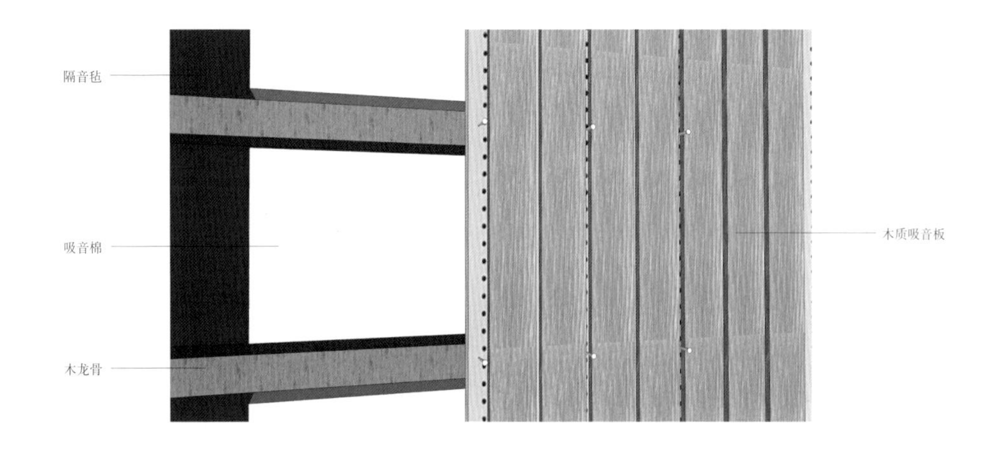

施工分层图

（2）墙面施工——配件龙骨

对于基层状况较好且环境干燥的墙面，如已刮好腻子或有基础涂料等，可直接用配件龙骨来安装木质吸音板，将“几”字形龙骨固定在墙面上（龙骨架格栅之间推荐选用的间距为 60cm），而后用扣件将吸音板固定好即可，龙骨之间可塞入薄一些的吸音棉来强化吸音效果。

“几”字形龙骨固定木质吸音板

扣片固定细节

（3）墙面施工——轻钢龙骨

使用轻钢龙骨来安装木质吸音板，需先在墙面上固定好龙骨架，而后采用“几”字形龙骨和扣片来固定吸音板，龙骨架之间同样可塞入吸音棉来加强吸音效果。吸音板的板块与板块之间要留出不小于 3mm 的缝隙。若对饰面的收边有要求，可使用收边条收边，收边处用螺钉固定。

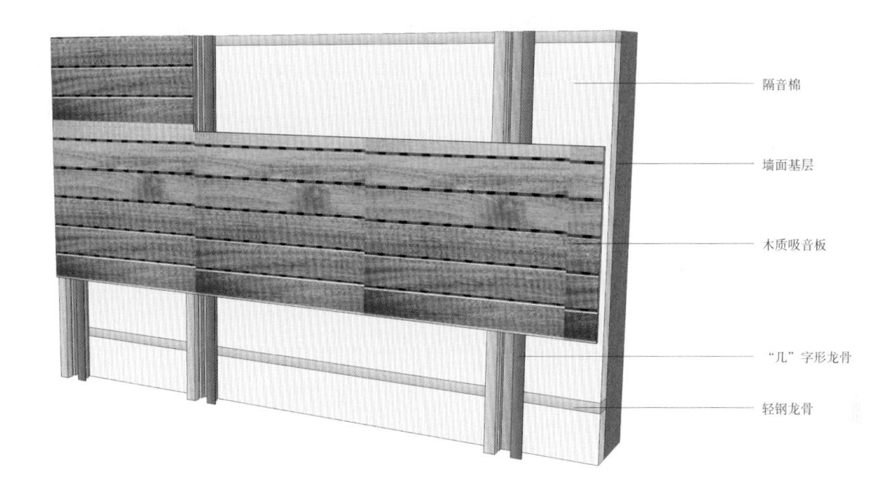

施工分层图

木质吸音板墙面安装效果

板块安装细节

小贴士

施工注意事项

施工时，必须按设计图或施工图的要求安装龙骨，完工后需对龙骨进行调平处理。龙骨的安装应与吸音板长度方向相垂直。安装吸音板时应遵循从左到右、从下到上的原则，吸音板横向安装时，凹口朝上；竖直安装时，凹口在右侧。

生态木吸音板

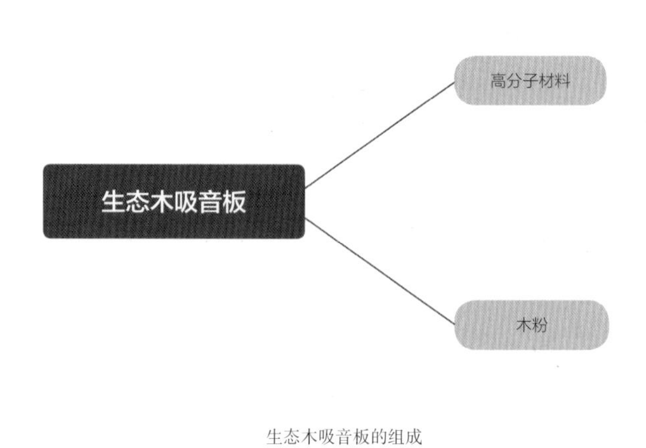

生态木吸音板的组成

1. 材料特点

物理性能特点：生态木是革命性新型环保材料，是世界上木材替代技术非常成熟的产品，它不需做任何表面处理。用生态木制成的吸音板，环保、抗老化、色坚牢度的检测指标均达到国际标准，且具有防水、防白蚁、阻燃、耐污染、安装简单、无须维修与养护等优点。可用于顶面和墙面部分的吸音工程。

原料分层特点：生态木吸音板是由少量高分子材料和大量木粉聚合而成的一体式材料，安装时采用卡槽连接，但需龙骨辅助，因此从施工角度来说，可分为吸音层和骨架两大部分。

2. 施工形式

生态木吸音板多用于顶面和墙面，其安装有简单和复杂两种方式。

简单法：木龙骨方向与板材垂直，而后用射钉固定吸音板即可，板块之间采用卡槽连接。

复杂法：即增加隔音毡并填充吸音棉的施工方式，可参考下一节硅藻泥吸音板施工部分的内容。

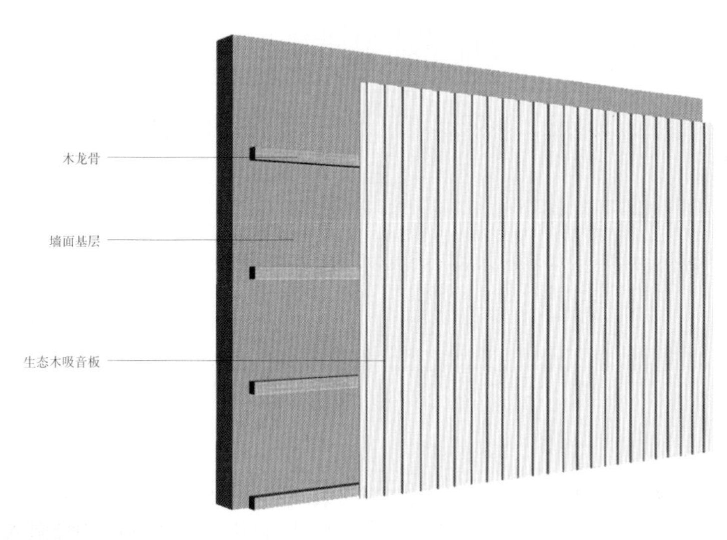

施工分层图

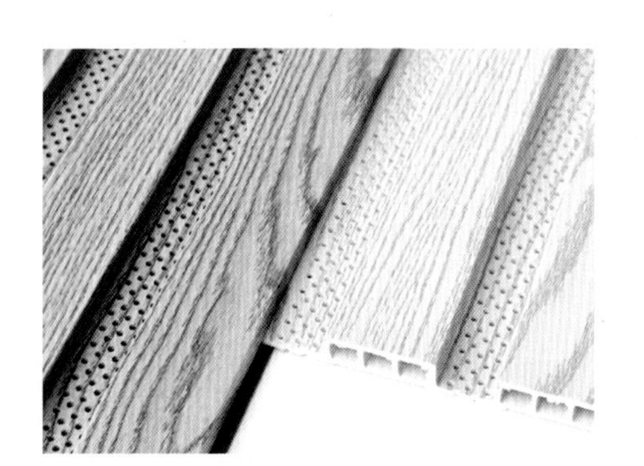

板块之间卡槽连接

墙面安装效果

小贴士

施工注意事项

①开始施工前，先测量墙面的尺寸，确认安装的位置，确定水平线与垂直线，确定电线插口及管子等物体的切空预留的尺寸。

②吸音板的安装顺序，遵循从左到右、从下到上的原则。

硅藻泥吸音板

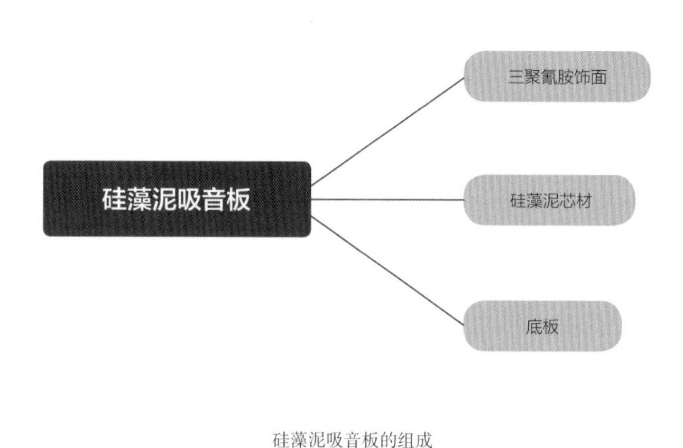

硅藻泥吸音板的组成

1. 材料特点

物理性能特点：硅藻泥吸音板是一种复合吸音板，它与其他类型的吸音板最大的区别是其内芯具有净化空气、去除甲醛、调节空气湿度的作用，同时还具有保温隔热、隔音降噪、防火阻燃、绿色环保、可释放负离子等性能。

原料分层特点：硅藻泥吸音板由三层结构组成，芯材是起到主要作用的硅藻泥（硅藻土），面层为三聚氰胺饰面，底层为底板。总体可分为吸音层和饰面层两部分。

2. 施工形式

硅藻泥吸音板的施工方式与生态木吸音板基本相同，简单法可参考上一节的内容，这里重点介绍的为复杂法。先在墙面上固定一层隔音毡，而后安装木龙骨，木龙骨方向与板材垂直，骨架之间填充隔音棉，而后面层用射钉固定硅藻泥吸音板，板块之间以卡槽连接。

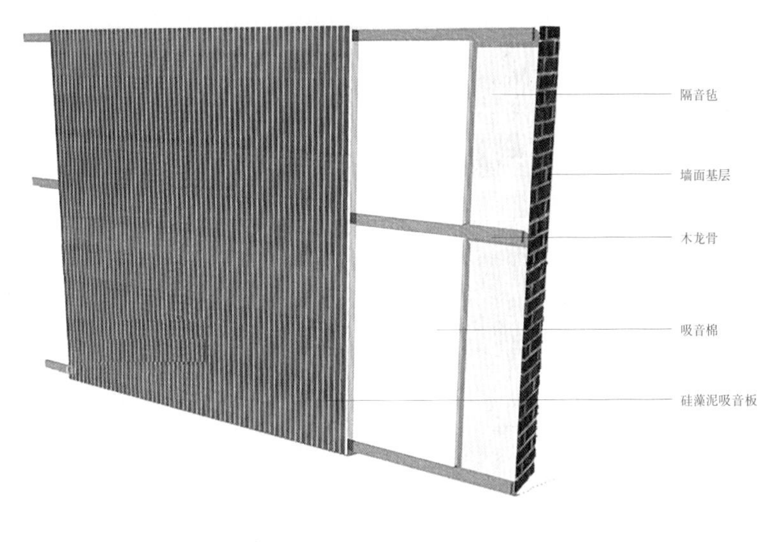

施工分层图

板块的一侧带有凹槽，另一侧为凸槽，对接即可安装

墙面安装效果

小贴士

施工注意事项

①安装场所必须干燥，最低温度不低于 10℃，最大相对湿度变化值应控制在 40% ~ 60% 范围内。安装场所至少在安装前 24h 必须要达到以上规定的温湿度标准。

②硅藻泥吸音板必须在待安装的场所内放置 48h，以便其适应室内环境而定型。

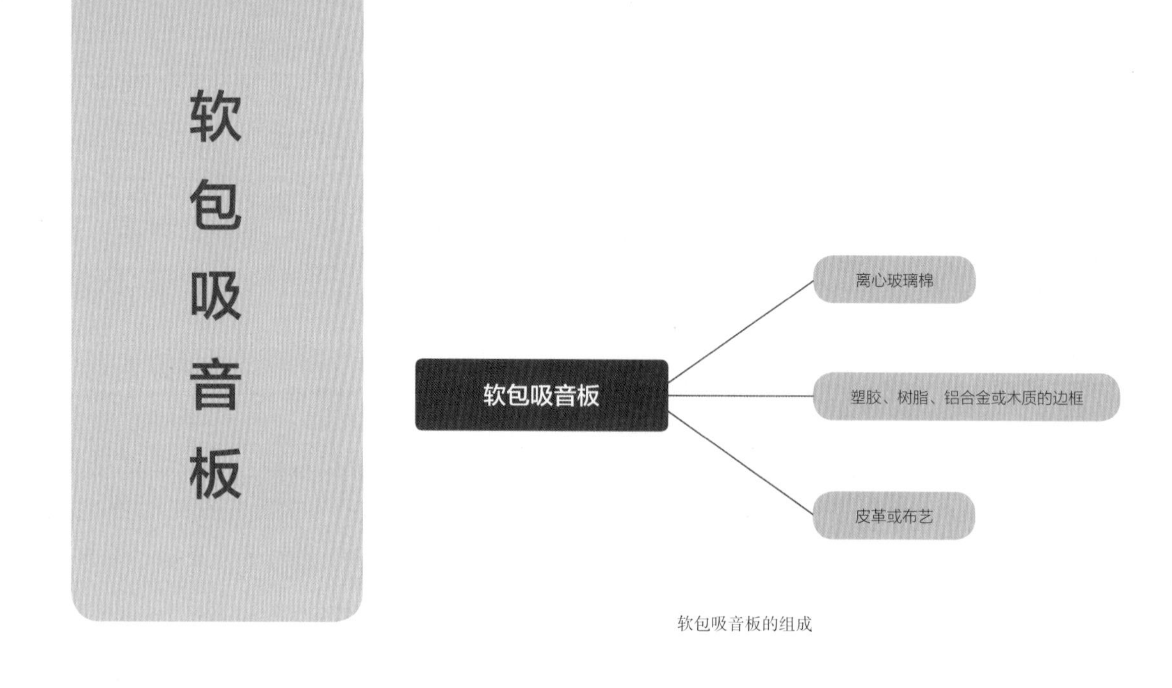

软包吸音板的组成

1. 材料特点

物理性能特点：软包吸音板是指软包体的具有装饰及吸音降噪作用的材料，对低、中、高频的噪声均有较佳的吸音效果。同时具有难燃防火、无粉尘污染、装饰性强、施工简单等特点。其面层的布料色彩多样，还可进行定制，可满足不同风格方案的设计需求。可用于顶面及墙面部分的吸音工程。

原料分层特点：软包吸音板由芯材、框架和饰面组成，芯材为离心玻璃棉；框架可选材质较多，常用的有塑胶、树脂、铝合金或木质等；饰面可使用皮革或布艺。按照其结构来说，可总体分为吸音层和饰面层两大部分。

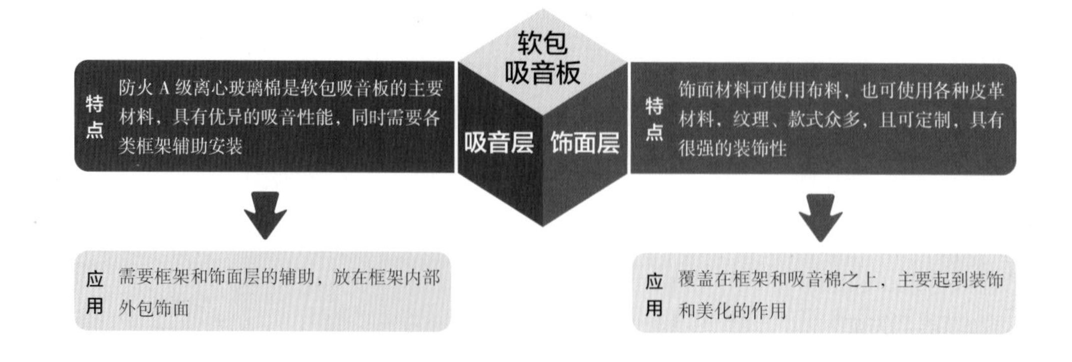

2. 施工形式

软包吸音板的墙面施工，需要龙骨架和基层板的辅助，可分为直接铺贴法和装配式龙骨安装法两种施工形式，为了强化吸音效果，骨架间均可塞入吸音棉。

直接铺贴法：墙面需先安装龙骨架，若使用的是木龙骨，可不使用基层底板，直接将软包吸音板用气钉枪固定在龙骨之上（从软包吸音板侧面打入），龙骨的间距需与吸音板的尺寸一致；如使用轻钢龙骨，在龙骨安装完毕后，需先固定一层基层底板，而后在成品软包吸音板的背面刷胶，用气钉从布纹缝隙钉入，固定到墙面的基层底板上，注意气钉不要打断织物纤维。

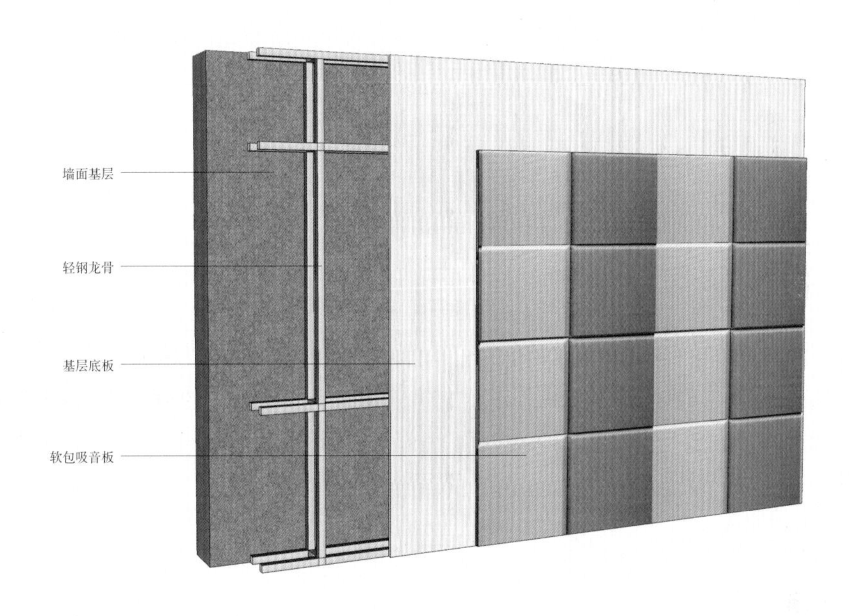

施工分层图

装配式龙骨安装法：同样先固定龙骨，而后将 PVC（聚氯乙烯）装配式龙骨固定在墙面龙骨上。根据吸音板编号对号入座，将软包吸音板安装在 PVC 装配式龙骨上，调整下端和两侧位置，将上端固定好，再固定下端和两侧。

小贴士

良好的基层至关重要

①所有使用的木质类材料，如木龙骨、木质基层底板等均需先做好防火处理后再用于施工。

②装配式龙骨固定要求必须横平竖直、不得歪斜。龙骨间距必须与排版图尺寸一致，以利于在安装成品软包吸音板时对号入座。

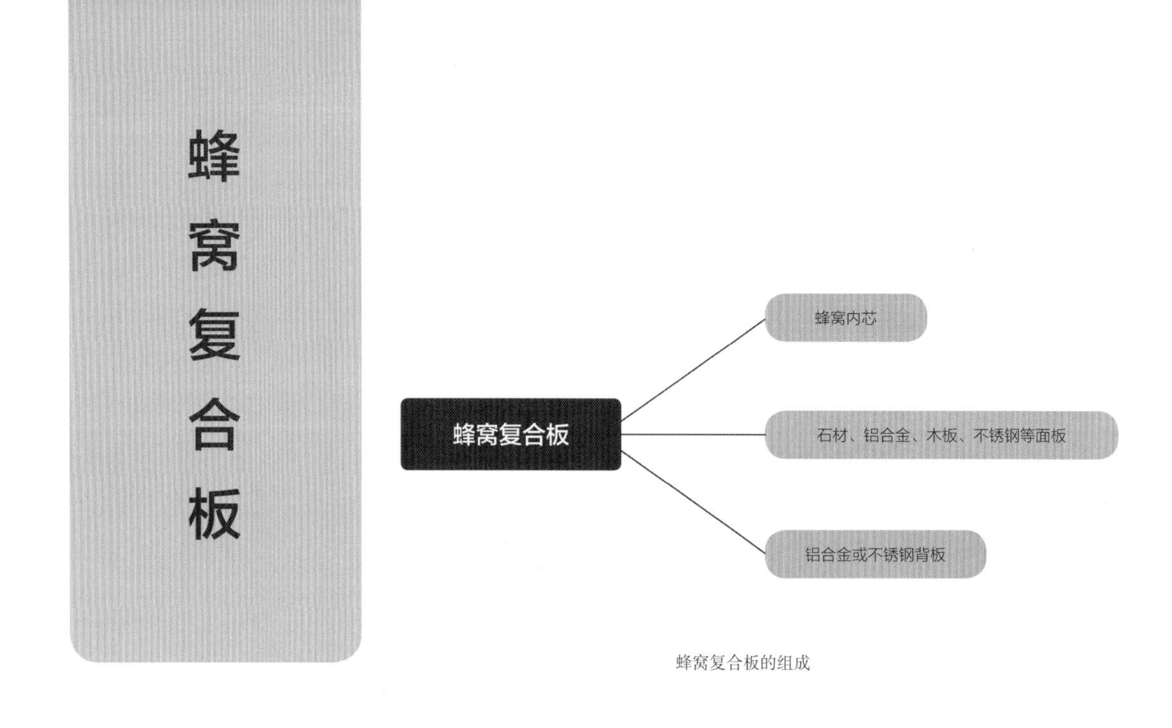

蜂窝复合板的组成

1. 材料特点

物理性能特点：蜂窝复合板是根据蜂窝的结构采用仿生原理开发的高强度新型环保建筑复合材料，其种类繁多，可制作成弧形，具有装饰性佳、强度大、极其坚固、重量轻、平整度高、板幅大、安装方便且不易传导声音和热能等特点，是理想的消音饰面材料。

原料分层特点：蜂窝复合板采用的是夹层式复合结构，中间的内芯是经过防腐处理的蜂窝式结构，外侧是各种类型的饰面板和铝合金或不锈钢材质的背板。

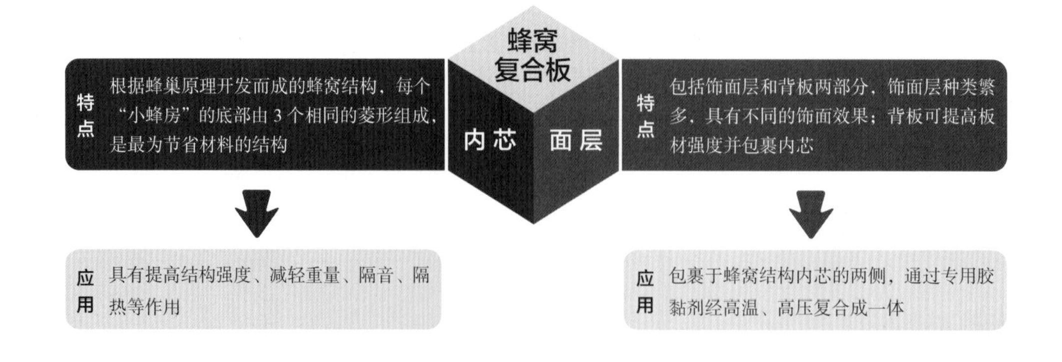

2. 材料分类

蜂窝复合板根据饰面板的不同可分为石材蜂窝复合板、铝合金蜂窝复合板、木质蜂窝复合板、不锈钢蜂窝复合板等多种类型。

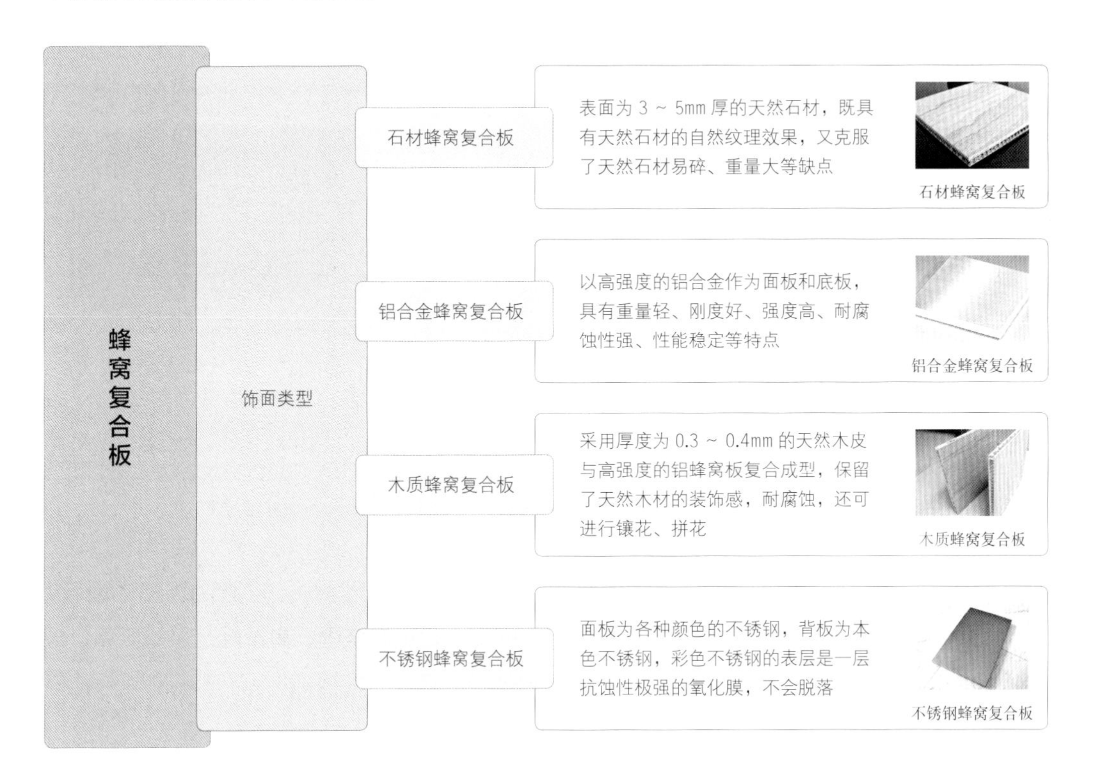

3. 施工形式

蜂窝复合板的墙面施工流程为：弹格放线→安装龙骨→安装连接构件→复合板铝构件安装→安装蜂窝复合板→注胶填缝→清洁表面。

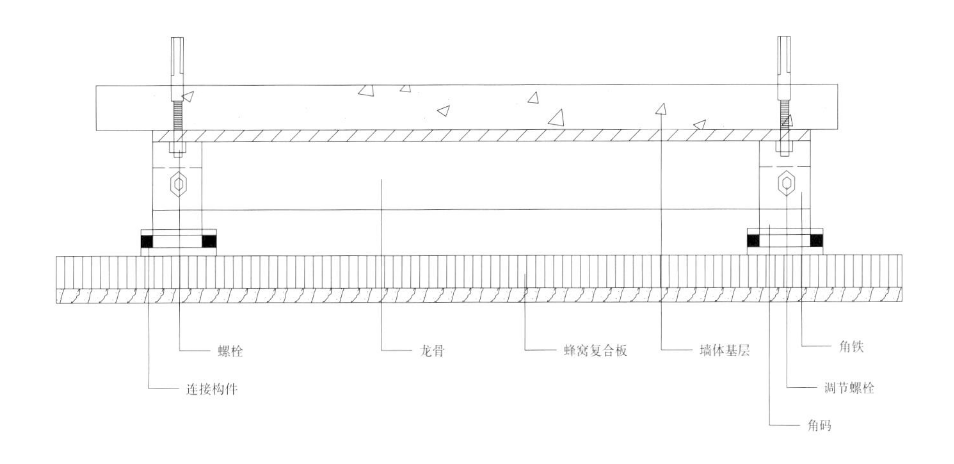

施工分层图

玻璃纤维吸音天花板

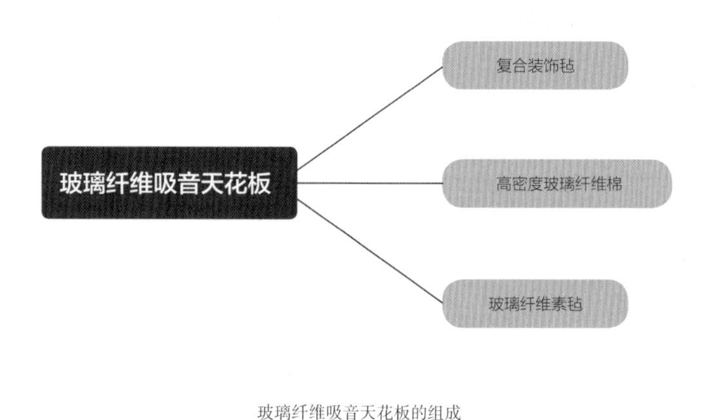

玻璃纤维吸音天花板的组成

1. 材料特点

物理性能特点：玻璃纤维吸音天花板内部纤维蓬松交错，存在大量微小的孔隙，是典型的多孔性吸音材料，可以大量吸收房间内的声能，降噪系数为最高级，是矿棉吸音天花板的近 2 倍。它是为数不多的几个达到 A 级的天花板产品，且绿色环保，不吸潮、不亲水、不发霉，可有效避免细菌的滋生繁殖。安装简单，可不使用龙骨，直接用强力胶水实贴于墙体或天花板上。

原料分层特点：玻璃纤维吸音天花板以高密度的玻璃纤维棉为内芯，表面复合装饰毡，背面附玻璃纤维素毡，四边使用树脂固化做封边制成。总体来说可分为吸音层和饰面层两部分。

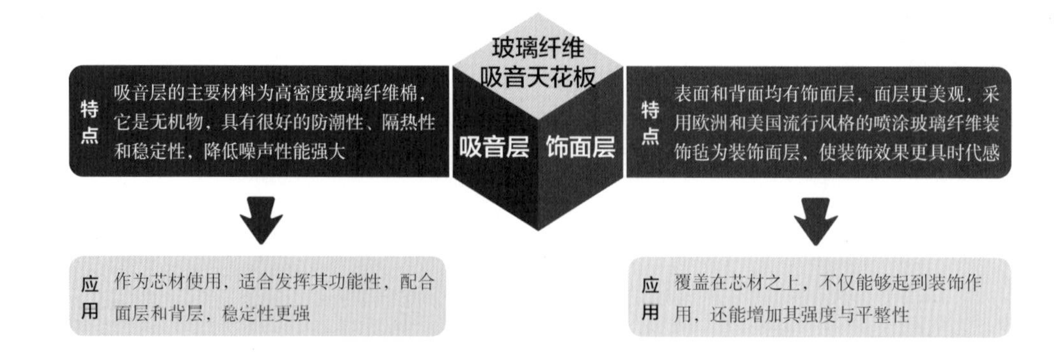

2. 材料分类

玻璃纤维吸音天花板按照安装方式可分为平板、挂片和垂片三种类型；按照颜色可分为白色板、黑色板和彩色板三种类型；按照板型可分为平板和跌级板两种类型。

3. 施工形式

玻璃纤维吸音天花板的顶面施工有明架、暗架、粘贴等常用形式，除此外，还可悬吊施工。

（1）明架吊顶

明架吊顶的施工方式与矿棉吸音板部分相同，龙骨底边露在板面外，吊顶板浮在 T 形龙骨上，吊顶板可托起，便于检修。吊顶板可使用平板，也可使用跌级板。

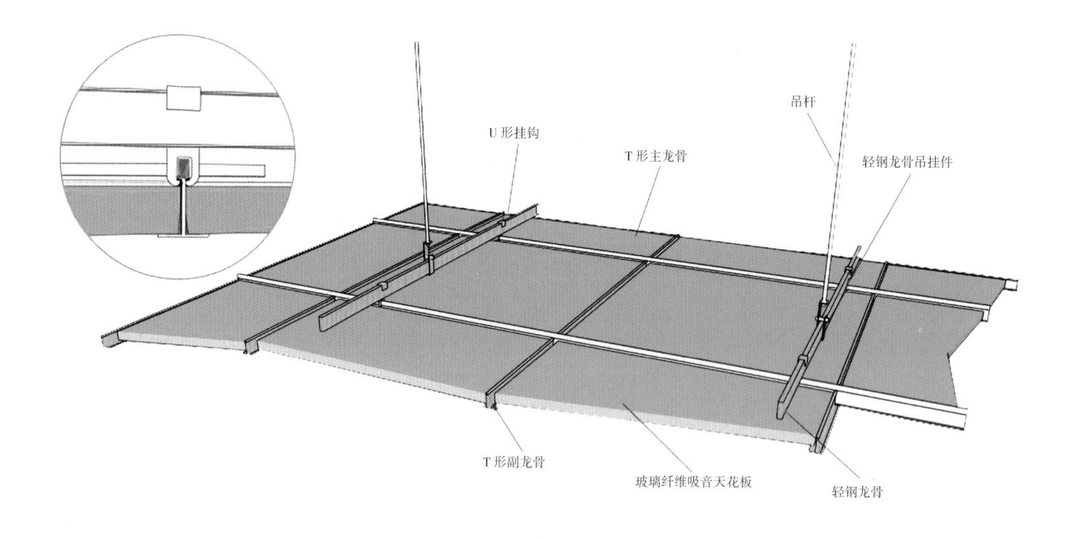

施工分层图

（2）暗架吊顶

暗架吊顶是完全看不到龙骨的，使用 T 形龙骨将开槽的吊顶板逐一插入 T 形龙骨架中，板与板之间用插片连接。

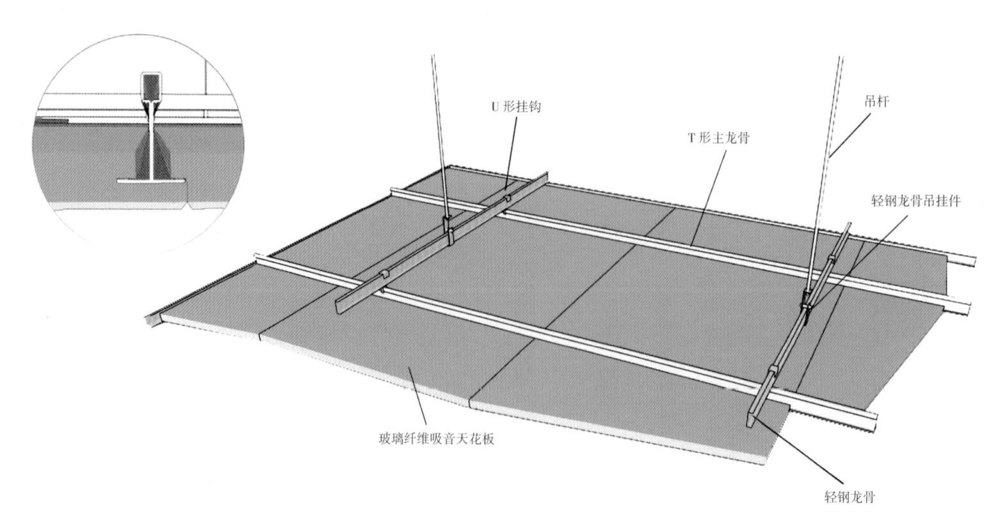

施工分层图

（3）粘贴施工

粘贴施工是指采用胶黏剂将玻璃纤维吸音天花板粘贴于顶面上的方式，这种方式除了可以用于顶面装饰外，还可用于墙面施工。用于粘贴施工的板材与吊装板材略有区别，样式较多，且厚度要薄一些，称为实贴板。将板材背面涂抹好胶黏剂，直接粘贴在施工面上即可。开始施工前，应对基层进行处理，保证其整洁、干净、平整。

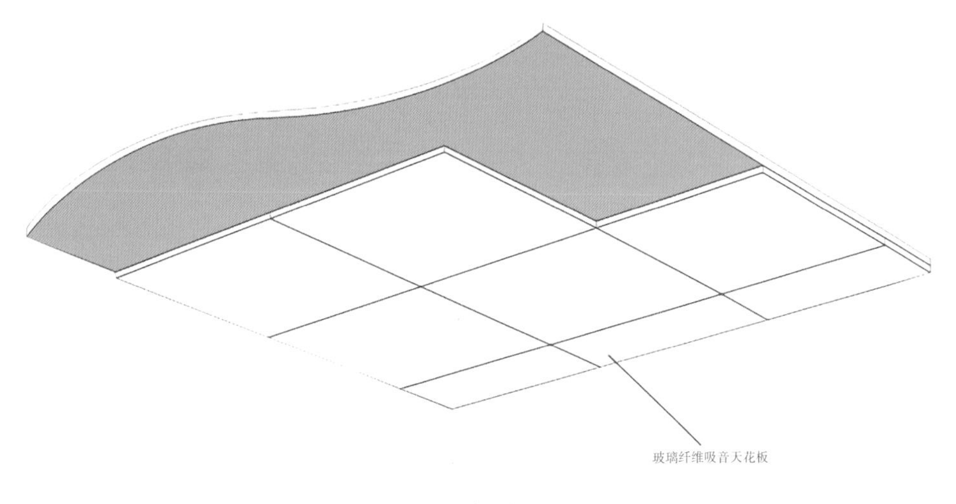

施工分层图

（4）悬吊施工

悬吊施工需借助于挂绳将玻璃纤维吸音天花板吊挂在顶面上。分为平吊和垂吊两种方式。平吊使用平板，安装单块板时将通过螺旋弹簧扣将悬吊绳固定在板背面即可，通过调节件可以调节高度；若同时多块板组合安装则需使用悬挂组件来连接板块。若垂吊安装，则需将悬挂组件固定在板材的窄边上，与顶面连接即可。

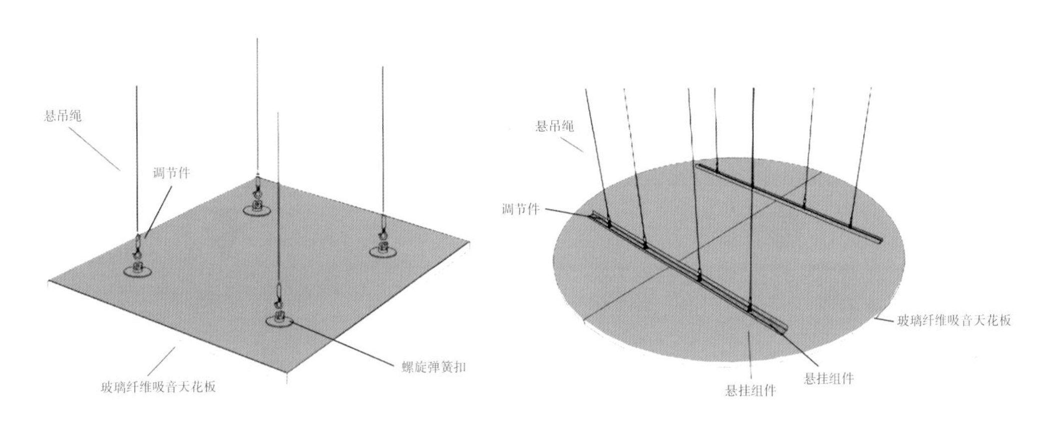

施工分层图

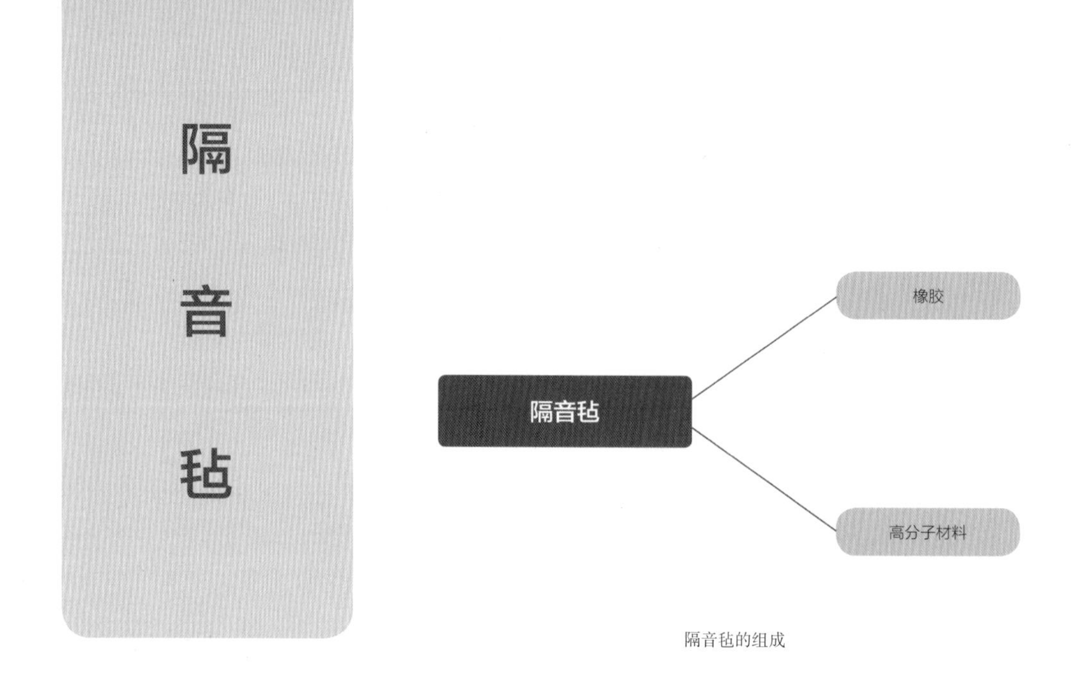

隔音毡的组成

1. 材料特点

物理性能特点：隔音毡是一种具有一定柔性的高密度卷材，超薄、柔软、拉伸强度大；施工方便、成本低；阻燃、防潮、防蛀；最重要的特点是材料环保、内阻尼大、隔音性能强，同时具备减震效果，是一种阻尼性隔音材料。它多用于墙体隔音和吊顶隔音，还可与隔音垫组合用于地面的隔音工程。

原料分层特点：隔音毡是以橡胶、高分子材料等为主要原料制成的一体式隔音材料，它多需要与石膏板组合使用。从施工角度来说，可分为隔音层和辅助层两部分。

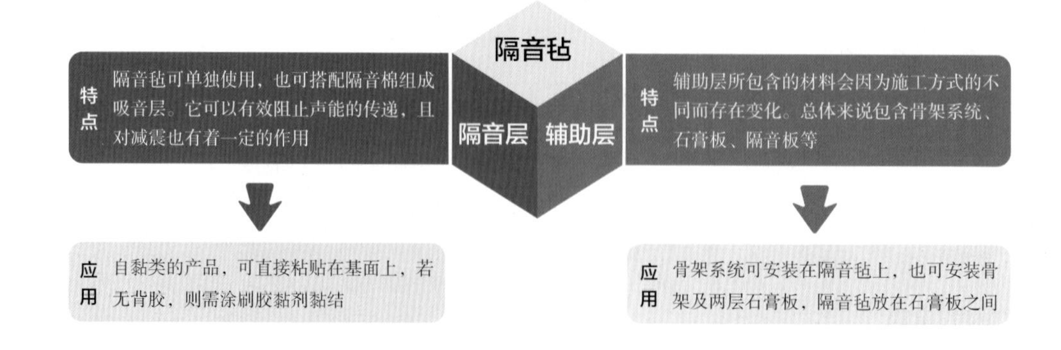

2. 施工形式

前面已经讲解到的消音材料中，如吸音棉、聚酯纤维吸音板、木丝吸音板等，在它们的顶面、墙面的消音施工中，均已经出现过隔音毡，可以看出隔音毡主要起到的是辅助隔音的作用。这是因为，在消音工程中，需避免板材、龙骨与墙壁之间的直接刚性接触，所以墙体的接触点应该用隔音毡作为垫底部分，才能有效地避免“声桥”。

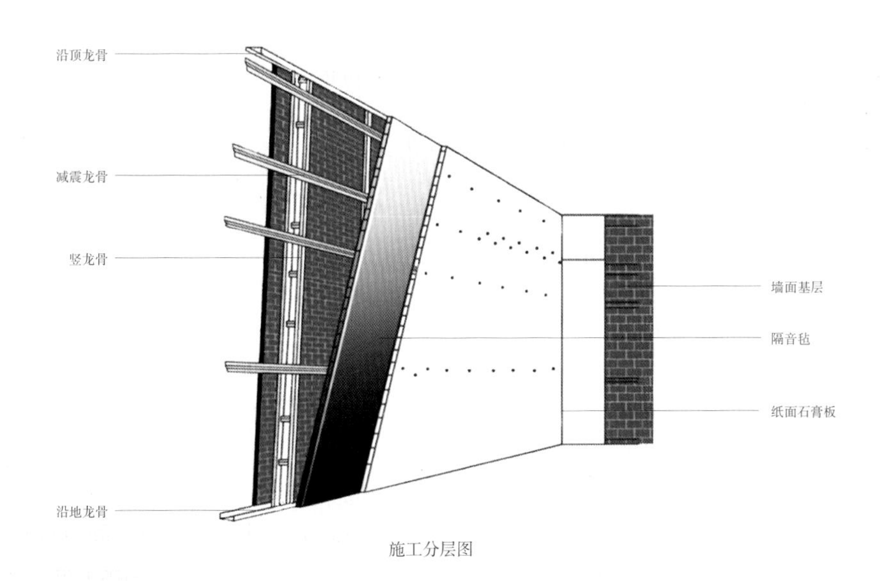

施工分层图

为了避免“声桥”，可在安装龙骨前先固定一层隔音毡

两层石膏板之间放入隔音毡

小贴士

施工注意事项

①施工面的隔音毡需要铺设均匀，并且在接缝处做一些特殊处理，以免降低隔音量。

②安装龙骨时，可以在龙骨空隙处填充一定的吸音材料，如吸音棉等；应选择减震龙骨，并尖劈600mm左右。在减震龙骨上，安装两层隔音板，并将隔音毡铺设在两层板材的中间。

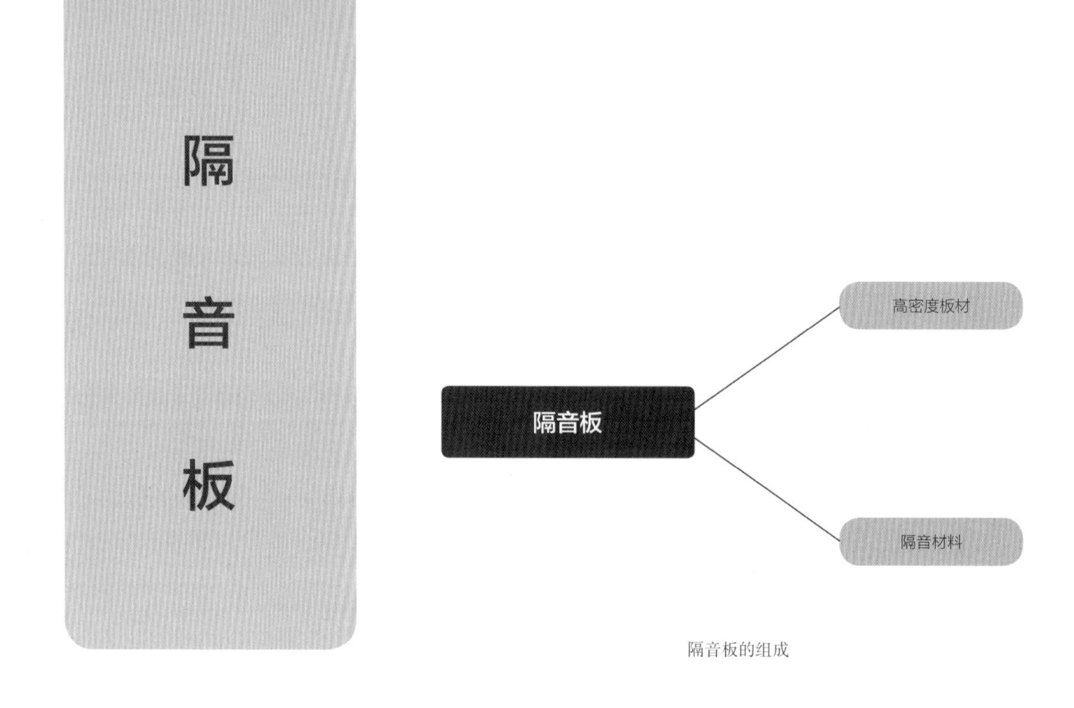

隔音板的组成

1. 材料特点

物理性能特点：隔音板是一种具有隔音效果的复合板材，具有隔音量高、占地面积小、成本低、施工简便、易安装、高强度、高抗冲击及环保、防火等性能。但它并不是能够阻隔所有频率的声音，物体都有固有的共振频率，接近物体共振频率的声音，隔音板的隔音效果会明显降低。

原料分层特点：隔音板是在两层高密度板材（玻镁板、石膏板、硅酸钙板等）中间复合隔音材料制成的一种阻尼隔音材料，为多层复合结构，总体来说可分为面层和夹层两部分。

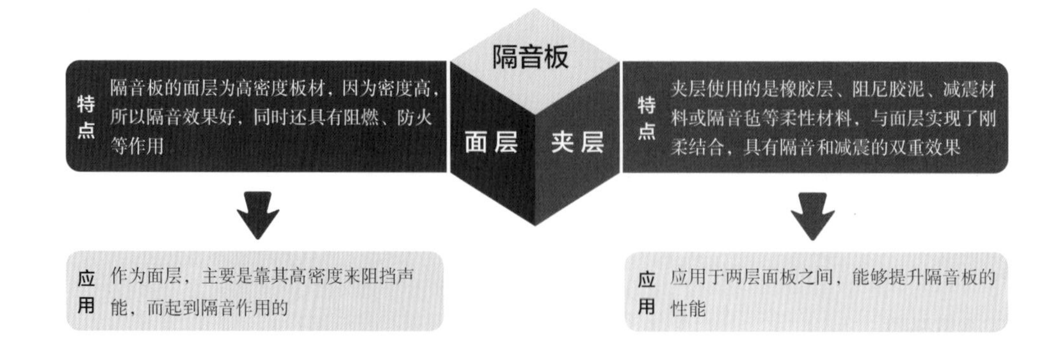

2. 施工形式

隔音板可分为顶面施工和墙面施工两种形式，步骤基本是一致的：基层打龙骨→填充隔音棉→使用钻头开孔并用平头螺钉固定隔音板→刮腻子→饰面层施工。

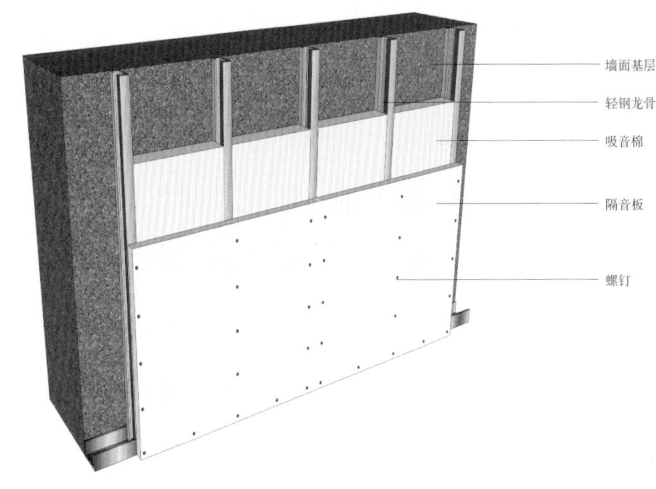

墙面施工分层图

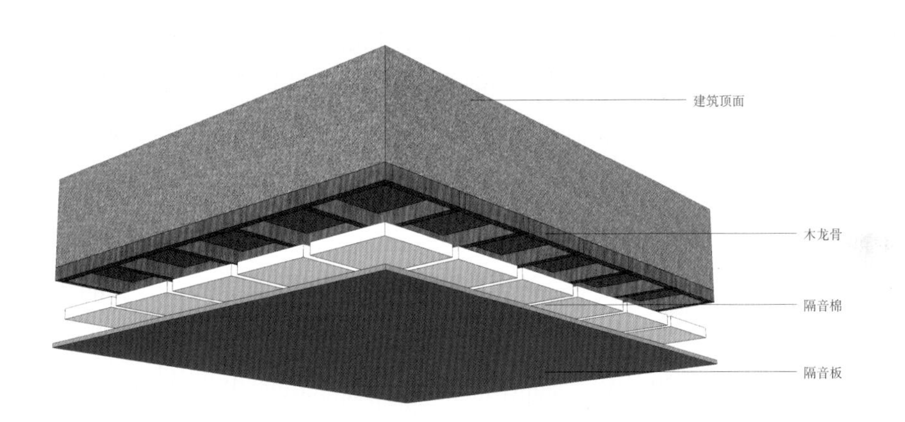

地面施工分层图

小贴士

施工注意事项

①隔音板与隔音板之间的缝隙处，应使用专用密封胶密封，以防止“声桥”漏音，用腻子和接缝带处理好缝隙后，再刮腻子。

②在隔音板的施工过程中，必须尽可能地减少刚性连接，并密封好所有缝隙。

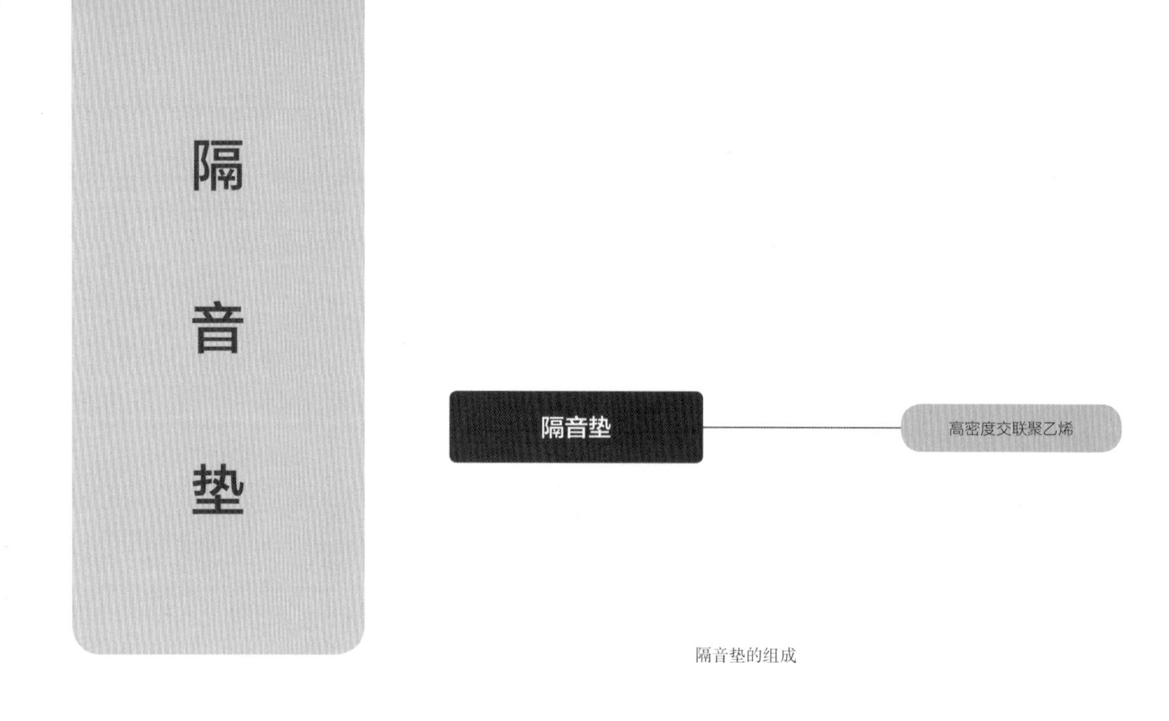

隔音垫的组成

1. 材料特点

物理性能特点：隔音垫的全称为地面隔音减震垫，能有效隔绝固体撞击而产生的噪声和通过空气传播的噪声。它绿色环保、防潮抗菌，耐老化，几乎不吸水，防潮、隔热、保温，成型性好，且具有良好的延伸性，施工工艺简单、工期短。适合用于有强噪声源空间的地面隔音，如家庭影音室等房间。

原料分层特点：隔音垫由高密度的交联聚乙烯发泡制成，多为同种材料制成的三层复合结构。材料内部带有诸多小孔，可以消耗声能并减少声音反射，进而达到消音的目的。从其施工角度来说，可分为隔音层和饰面层两大部分。

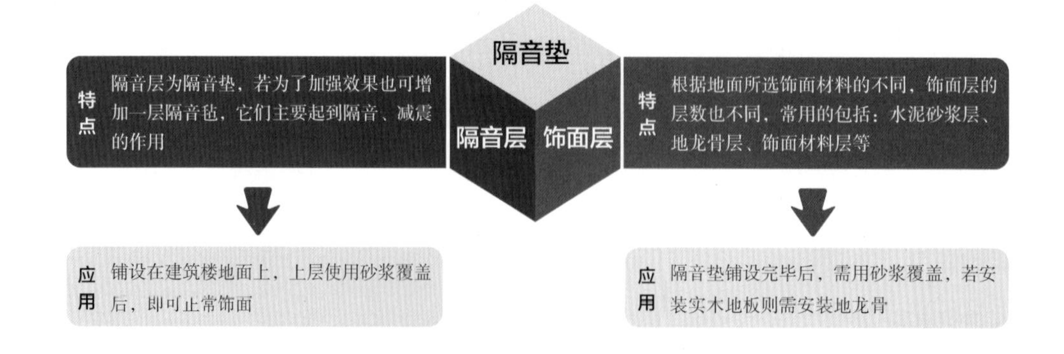

2. 施工形式

隔音垫主要用于地面的隔音施工，安装前需平整、清洁建筑楼地面，并将产品按所需尺寸切割。而后将隔音垫铺设在楼板上，铺设完毕后立刻用水泥砂浆覆盖。待砂浆干燥后，再进行饰面工程。隔音垫还可以搭配如隔音毡、隔音棉等其他隔音材料一起使用，不仅能够提升隔音降噪的效果，还可以具有很好的协调装饰性。

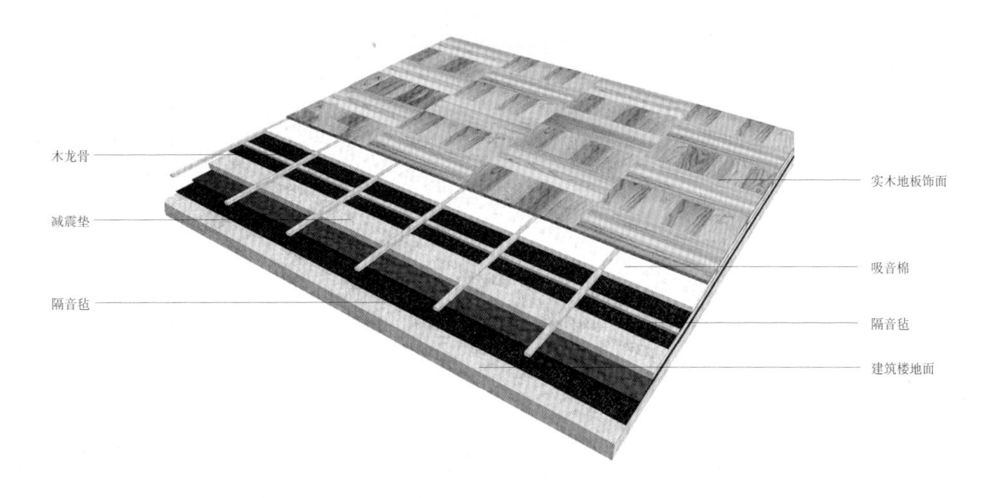

施工分层图

隔音垫铺设

缝隙处理

小贴士

施工注意事项

①隔音垫拼接的地方，应先用万能胶将接缝密封，再在接缝处粘粘一层密封胶带覆盖，以防止声音通过地面固体传播。

②施工过程中还需注意避免隔音垫与地面之间产生气泡。

地面减震砖

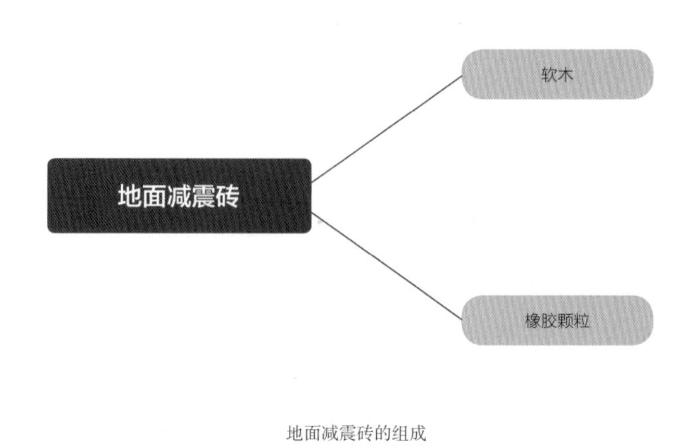

地面减震砖的组成

1. 材料特点

物理性能特点：地面阻尼减震胶块简称地面减震砖。在室温下富有弹性，在很大的外力作用下能微变形衰减能量，除去外力后能恢复原状。其结构密度大，阻尼好，有弹性，规格可定制，属于不燃材质、环保无毒、安装便捷、对宽频率振波的衰减尤其有效，常用于地面的减震工程中。

原料分层特点：地面减震砖是以软木和橡胶颗粒为主要材料制作的一体式减震材料，适用于大能量低频及超低频振动的室内减震结构。从施工角度来说，可分为减震层和饰面层两部分。

2. 施工形式

地面减震砖主要用于地面的减震、消音施工，安装前先处理基层地面，而后开始施工。地面减震砖按照间距 600 ~ 1000mm 进行铺设，空腔部分用吸音棉填满，上面加铺一层隔音板，再铺设一层阻尼隔音毡，阻尼隔音毡上面浇筑 50mm 水泥层，水泥层里面夹 4 ~ 6mm 粗钢丝网。水泥层上可铺瓷砖、大理石、木地板或者地毯等装饰层。

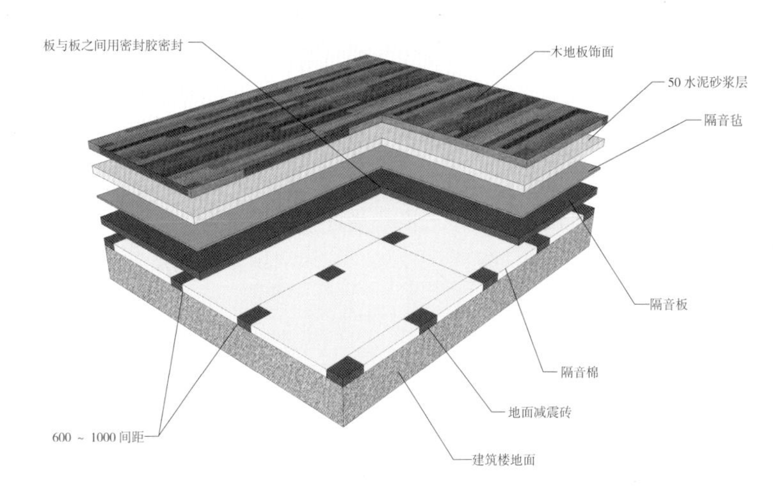

施工分层图

地面减震砖及隔音棉铺设

上铺水泥砂浆

小贴士

施工注意事项

①地面清理干净，保持平整，无凹凸物，无鼓包现象。

②铺设隔音毡时，四周墙面应保持 5cm 左右的高度，以防止“声桥”。

③地面减震砖之间的缝隙处，应用密封胶等材料做好密封，以加强隔音效果。

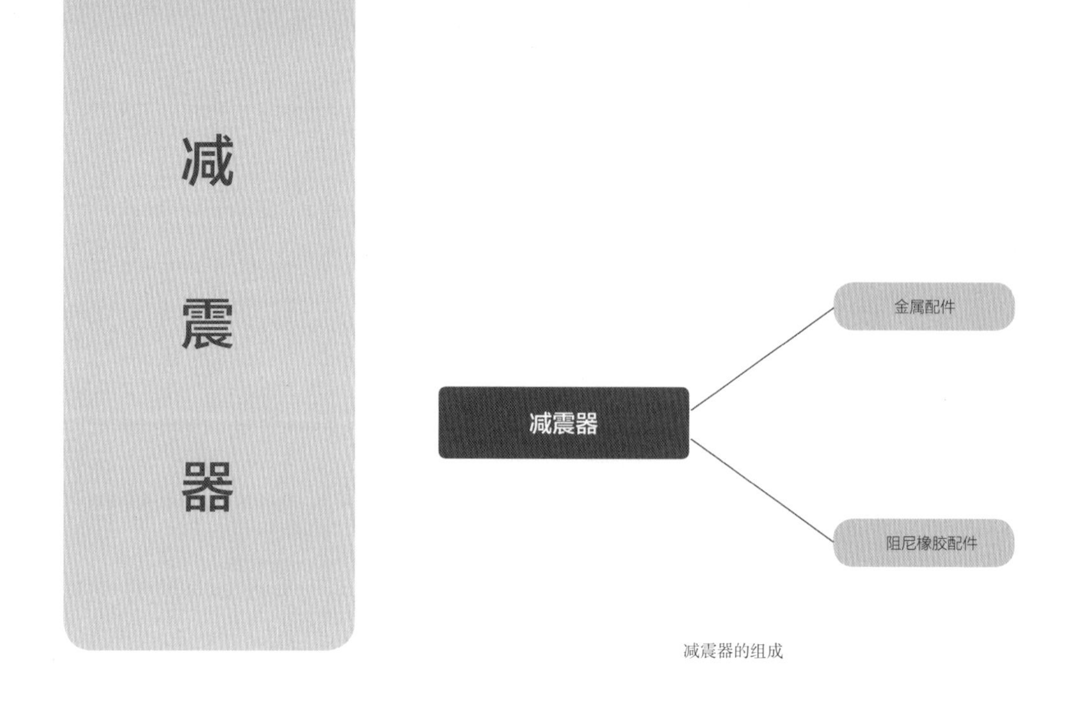

减震器的组成

1. 材料特点

物理性能特点：减震器具有减少震动的作用，常用于各类消音工程的辅助施工，包含类型较多，有天花板弹簧减震器、墙壁减震器、墙体轻钢龙骨减震器及地面减震器等类型，分别适用于不同的部位和场合中。

原料分层特点：减震器总体来说是由金属配件和阻尼橡胶配件组成的，以墙壁减震器为例，它包含了 U 形框、阻尼橡胶层和螺杆三部分，其中两部分为金属材质。

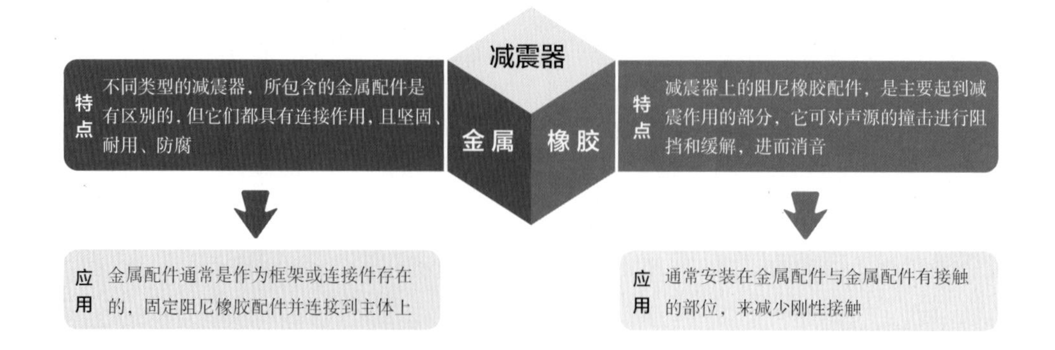

2. 材料分类

减震器根据使用部位的不同可分为四种类型。

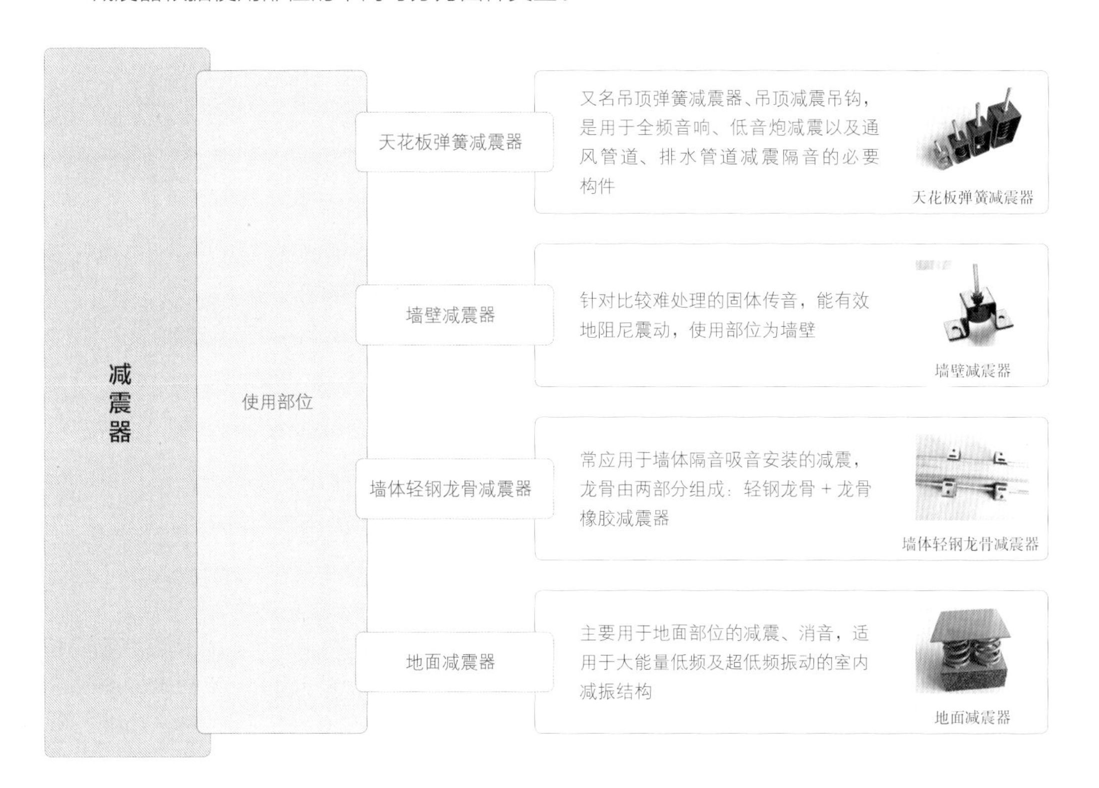

3. 施工形式

减震器的安装较为简单，通常是先将其固定在建筑界面之上，而后安装龙骨等材料即可。

天花板弹簧减震器的安装

墙体轻钢龙骨减震器的安装

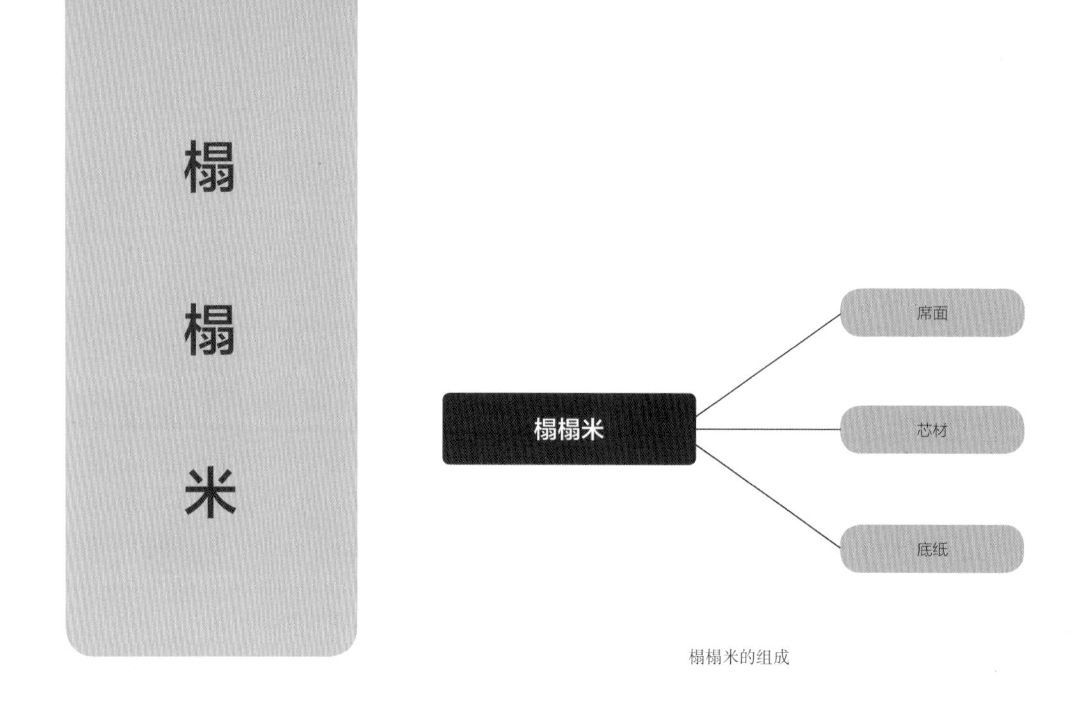

榻榻米的组成

1. 材料特点

物理性能特点：榻榻米平坦光滑、草质柔韧、透气性好、色泽淡绿、散发自然清香。用其铺设的房间，隔音、隔热、持久耐用、搬运方便、尽显异国情调，可在最小的范围内，展示最大的空间，它具有床、地毯、凳椅或沙发等多种功能，同样大小的房间，铺榻榻米的费用仅是西式布置的 1/4~3/4。

原料分层特点：榻榻米由三层结构组成，即席面、芯材和底纸。席面有蔺草面和纸席面两种类型，芯材是最为主要的部分，有稻草芯、纤维芯等多种材质可选择，底纸为防虫纸。总体来说，可将其划分为芯材和面材两部分。

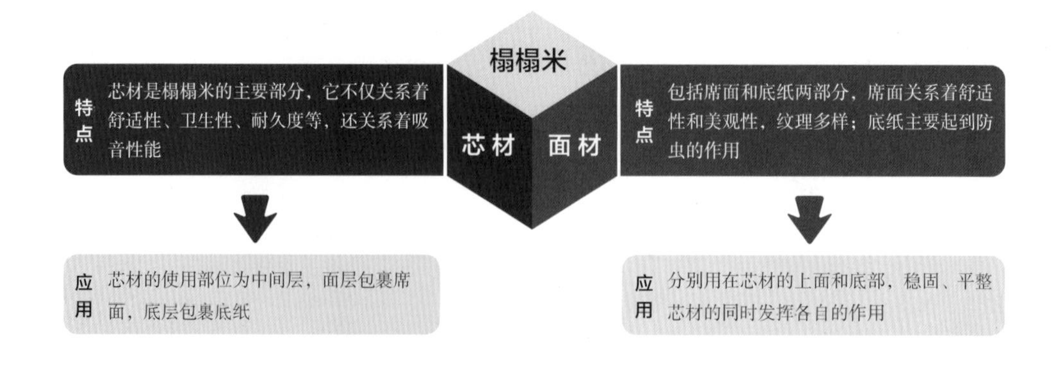

2. 材料分类

榻榻米根据席面的不同可分为蔺草面和纸席面两种类型；按照所用芯材的不同可分为稻草芯、棕芯、无纺布芯、木纤维芯等类型；按照编织手法的不同可分为直纹、方格、提花等类型。

3. 施工形式

榻榻米主要的施工部位是地面，施工形式为承托施工。

榻榻米不能直接铺设在地面上，而需要地台的承托。因此，施工前，应先确定好地台的高度及划分形式等，而后可以木龙骨或大芯板做龙骨框架，外包木工板制木地台。对于安装厚度为5.5cm 的榻榻米，需制作高度为 5 ~ 5.5cm 的边框；地台下可做抽屉或翻板式储物空间，以提高空间利用率。地台制作好后，对其进行涂饰，干燥后摆设榻榻米面层，即完成施工。

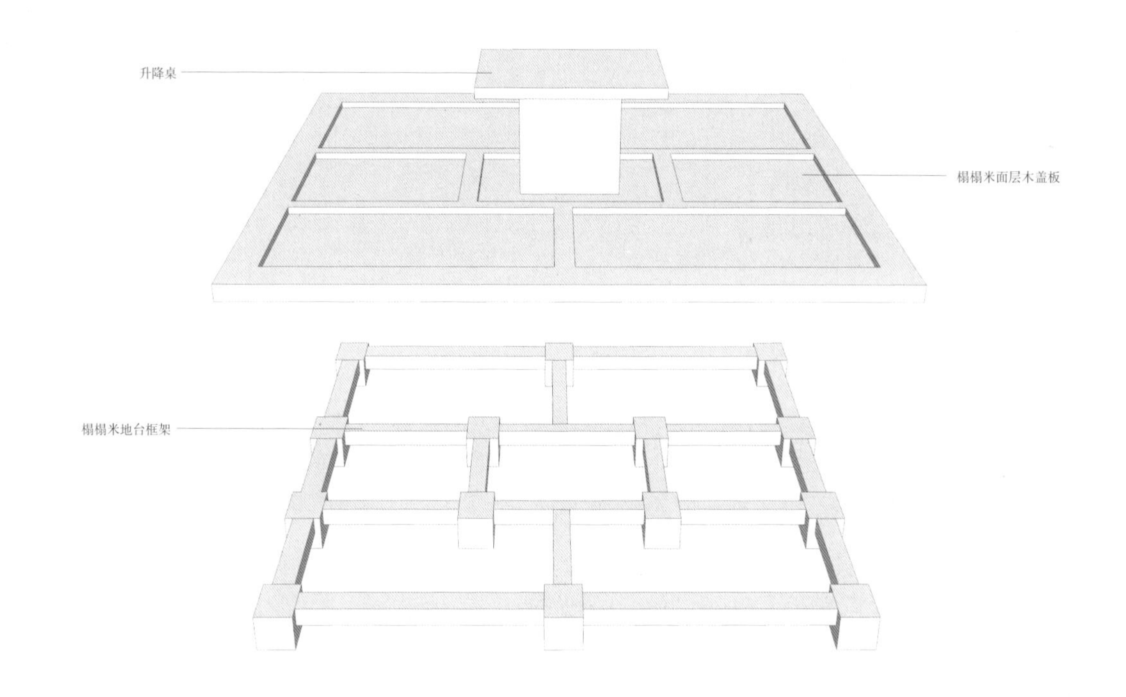

施工分层图

棕芯榻榻米垫的结构

稻草芯榻榻米垫的结构

榻榻米龙骨架制作

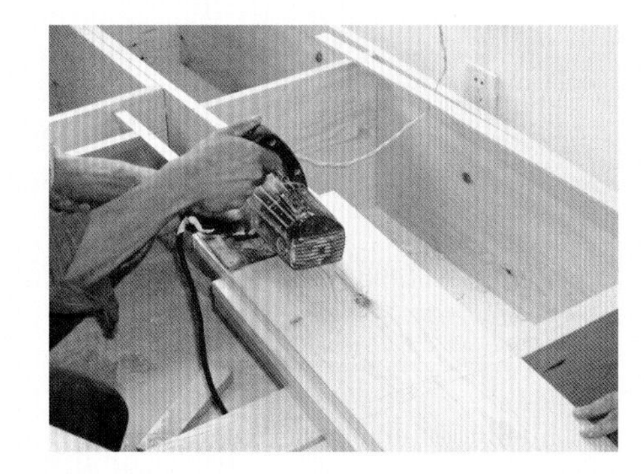

固定板材

地台框架制作完毕

制作盖板

油漆涂饰

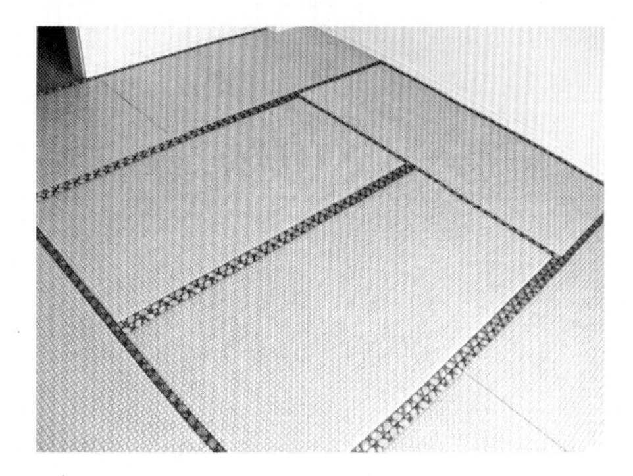

摆放榻榻米垫

小贴士

施工注意事项

①制作地台时，应注意平整度，可在墙面划出水平线，而后制作地台。

②榻榻米的底架地台是一个相对比较封闭的空间，如果潮湿就会滋生细菌。因此，在制作地台时，可开一些透气孔或在底部开一个小槽，使内部透气，以避免潮湿。

CHAPTER THREE

防水材料是用于防止雨水、地下水、工业和民用的给排水、腐蚀性液体以及空气中的湿气、蒸汽等侵入建筑物的材料的统称。

第三章

防水材料

防水材料可防止建筑物的围护结构被雨水、雪水和地下水渗透；防止空气中的湿气、蒸汽和其他有害气体与液体的侵蚀；防止分隔结构给排水的渗翻，这些防渗透、渗漏和侵蚀的材料统称为防水材料。室内需要进行防水处理的部位主要是墙面、地面和地下室。

随着科技的进步，防水材料的更新迭代速度不断地加快，品种增多且防水性能、使用寿命等方面也有了大幅度的提升，其发展趋势主要体现在以下几个方面。

产品的多样化：为了满足不同的需要，防水材料越来越多样化。改性沥青防水卷材在许多国家已上升为主导防水材料；高分子防水卷材占有重要地位。EPDM、PVC、TPO 等材料耐久性好、安全环保、无污染，甚至可以重复使用，是未来防水材料发展的主流。

防水涂料向聚合物和渗透性方向发展：传统的沥青防水涂料性能欠佳，逐步被聚氨酯、丙烯酸等聚合物防水涂料取代。渗透性防水涂料渗入混凝土内与水反应形成晶体，堵塞孔隙以达到防水目的，在工程上得到极大的应用。

绿色防水材料提上议事日程：绿色防水材料是对环境有利，对人体无害，有利于节能，可节约资源和可再生利用并持久耐用的产品。水基、VOC（有机挥发物）含量低的防水材料将会因其优异的环保性能而被广泛使用。

防水卷材 ▶

防水涂料 ▶

室内所用的防水材料，可按照原料类型、原料性状、成分等进行分类，分类与用途如下。

沥青防水卷材

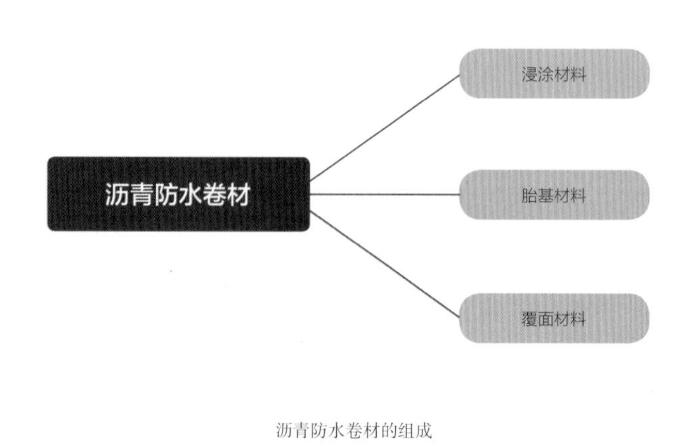

沥青防水卷材的组成

1. 材料特点

物理性能特点：沥青防水卷材即为以沥青材料为主制作的卷材状防水材料。其不透水性能强，抗拉强度高，延伸率大，尺寸稳定性能好，对基层收缩变形和开裂适应能力强。抗高低温性能好，耐穿刺、耐硌破、耐撕裂、耐腐蚀、耐霉变、耐候性好。施工方便，热熔法施工四季均可操作，接缝可靠。

原料分层特点：沥青防水卷材的组成部分包括浸涂材料、胎基材料和覆面材料三部分，若为无胎卷材则没有胎基材料。总体来说，可分为基材和面材两部分。

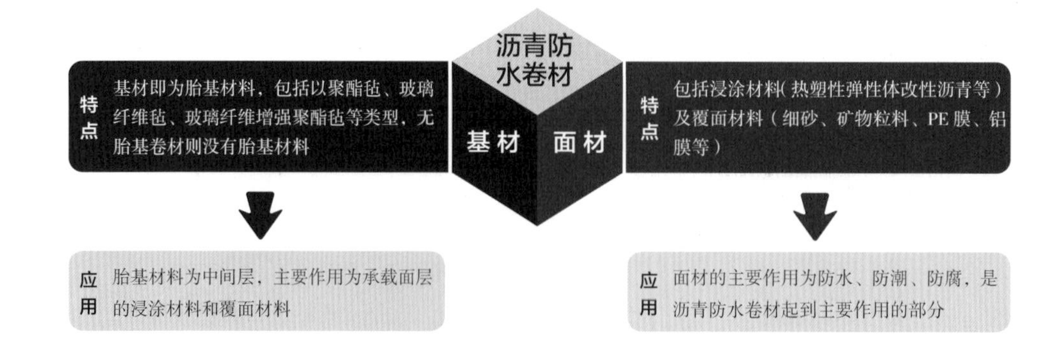

2. 材料分类

沥青防水卷材根据材料类型可分为油纸和纸胎油毡、石油沥青油纸、石油沥青油毡、煤沥青油毡、玻璃丝及玻璃布油毡、其他胎基沥青防水卷材及改性沥青防水卷材等多种类型；按照胎基类型可分为有胎卷材和无胎卷材两种类型。

3. 施工形式

沥青防水卷材的施工有热熔法和冷粘法等形式。

（1）热熔法

热熔法是指沥青防水卷材底面经过高温加热，熔化的沥青与找平过的基层黏结，再通过相邻卷材之间互相搭接、热熔封边，形成一道严密、全封闭的防水层的施工方法。

施工步骤为：清理修补基层→涂刷基层处理剂层→铺贴卷材附加层→铺贴卷材→热熔封边→蓄水试验→饰面层施工。

具体操作：将处理剂搅拌均匀，均匀涂刷于基层表面上，常温 4h 后开始铺贴卷材；在阴阳角等细部先做防水附加层；将沥青防水卷材剪成相应尺寸，用火焰喷枪加热基层和卷材的交界处，表面热熔后应立即滚铺卷材，使之平展并粘贴牢固。将卷材搭接处用火焰喷枪加热，趁热使两者黏结牢固，末端收头用密封膏嵌填严密，并用金属压条钉压牢固。

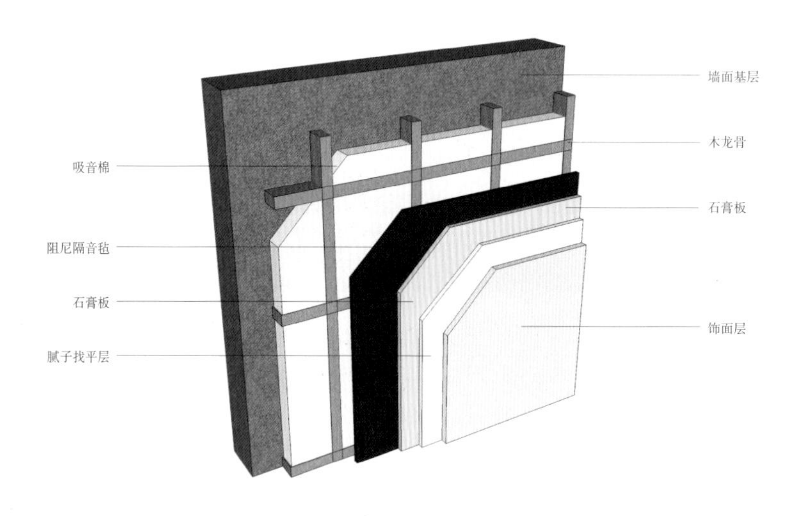

施工分层图

蓄水试验：在防水层施工完，进行保护层施工前，应做蓄水试验。即将整个房间的地面蓄满水，做蓄水试验，蓄水时间不小于 24h，蓄水高度为 50~100mm，水面必须覆盖整个施工面。

蓄水试验

（2）冷粘法

冷粘法是指采用与卷材配套的专用冷胶胶黏剂粘铺卷材而无须加热的施工方法。施工时无须熬制沥青，减少了环境污染并提高了效率。

施工步骤为：基层处理→涂刷基层处理剂层→附加层增强处理→涂刷基层胶黏剂及铺设卷材（单层或双层）→卷材搭接缝及收头处理→蓄水试验→饰面层施工。

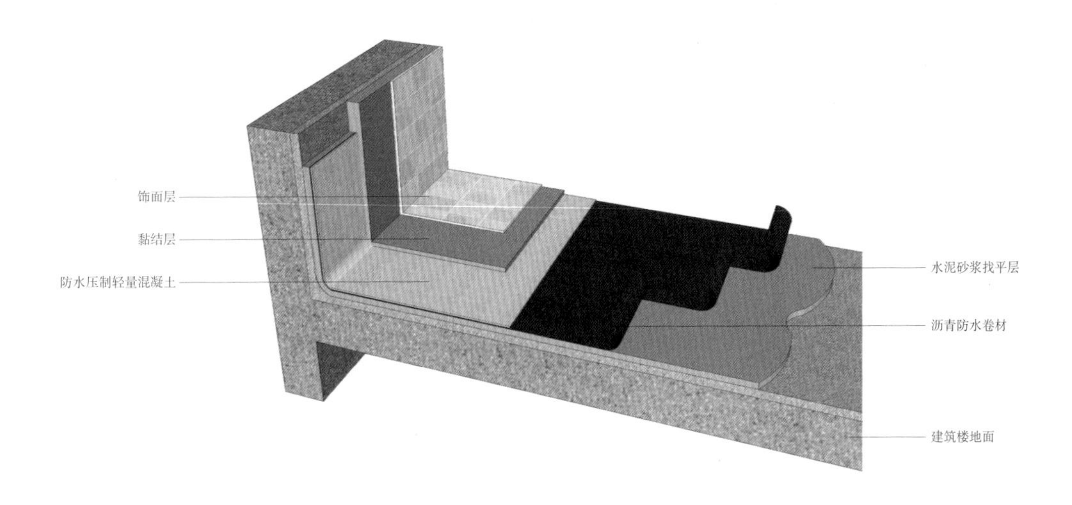

施工分层图

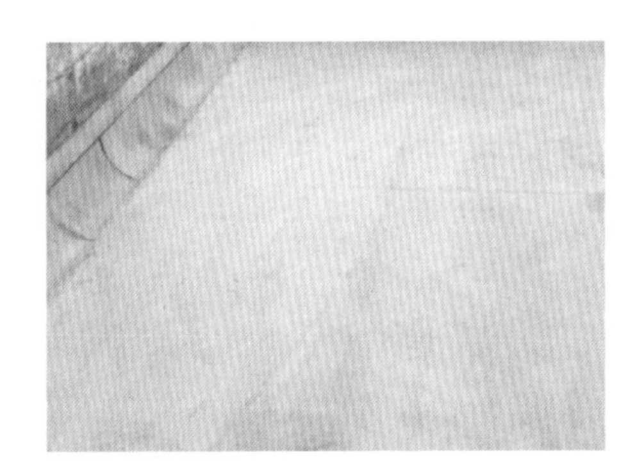

地面基层处理

粘贴沥青防水卷材

小贴士

施工注意事项

①施工前将验收合格的基层表面尘土、杂物清理干净，保证表层平整、坚实、干燥、清洁，且不得有起砂、开裂和空鼓等缺陷，所有阴阳角处都应做成半径为 50mm 的圆弧形。

②涂刷基层处理剂前，应用高压吹风机，将基层表面浮灰吹净。基层表面含水率应不大于 9%。

沥青防水涂料

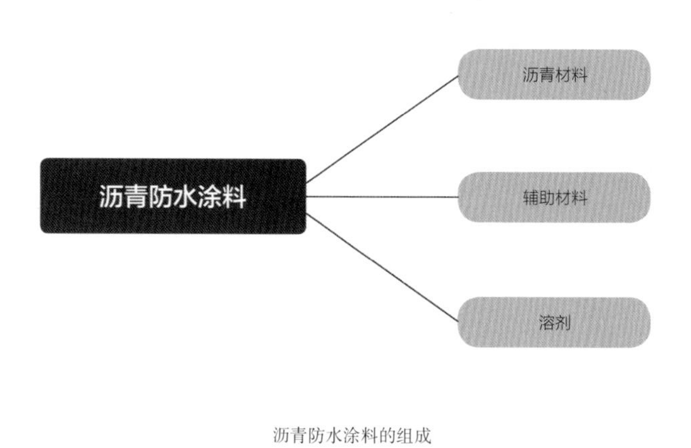

沥青防水涂料的组成

1. 材料特点

物理性能特点：沥青防水涂料是用沥青、改性沥青或合成高分子材料为主料制成的具有一定流态的、经涂刷施工成防水层的胶状物料，包含的种类较多，不同种类其特性略有区别。其中有些防水涂料不仅可以用来涂刷基层起到防水的作用，还可以用来粘贴防水卷材，所以它又是防水卷材的胶黏剂。

原料分层特点：沥青防水涂料的主要组成成分为各种沥青材料，根据涂料类型的不同，还添加了不同的辅助材料和溶剂等，为一种混合的溶液。从施工角度来说，它可分为防水层和饰面层两部分。

2. 材料分类

沥青防水涂料按组成材料及用途分为乳化沥青涂料、沥青溶液、沥青胶、再生橡胶沥青防水涂料、氯丁橡胶沥青防水涂料及丁苯橡胶（SBS）改性沥青防水涂料等多种类型。

3. 施工形式

沥青防水涂料根据涂料类型的不同，可分为辅助施工和涂刷施工两种形式。

（1）辅助施工

辅助施工是指将沥青防水涂料作为黏结剂或防水层使用，上层还需搭配卷材或其他材料的施工方式。

黏结剂施工：沥青涂料作为黏结剂施工时通常需要搭配卷材。需要注意的是，不同类型的卷材需要搭配相同类型的沥青涂料作为黏结剂。

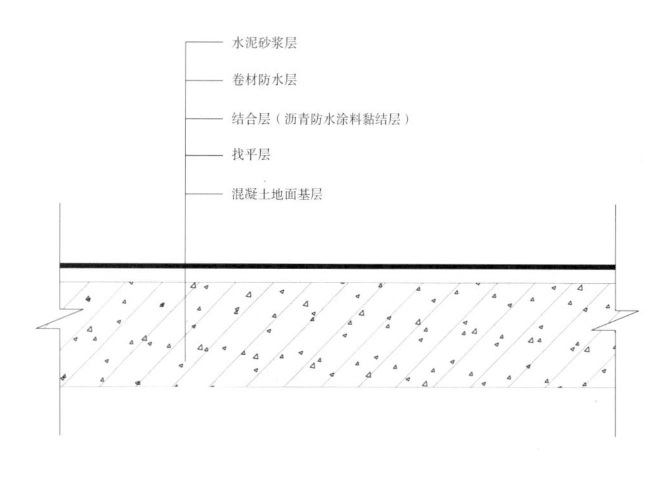

施工分层图

辅助层施工：辅助层是指将沥青防水涂料作为防水层使用的施工方式。如用在地下室等比较潮湿的区域中，上层还需叠加防水卷材；还可作为室内装饰施工的防水层，上面用板材等材料进行饰面装饰。

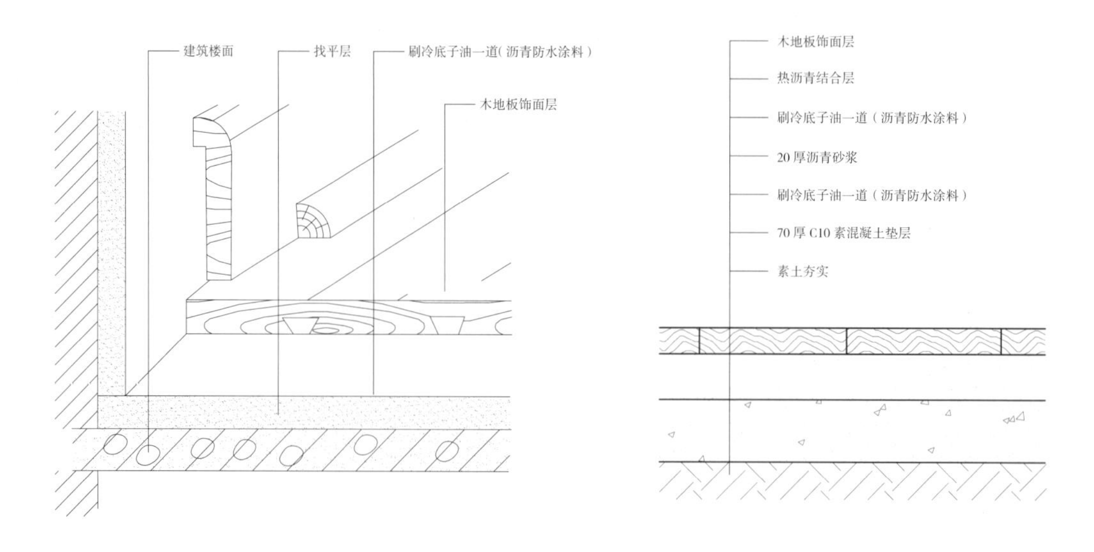

粘贴式木地板楼面、地面施工分层图

(2)涂刷施工

涂刷施工是指直接将沥青防水涂料作为防水层使用的施工方式，通常需要配合玻璃丝布进行施工。

施工步骤为：基层处理→刷第一层沥青防水涂料，铺一层玻璃丝布→刷第二层沥青防水涂料，铺一层玻璃丝布→涂刷第三层沥青防水涂料→蓄水试验→砂浆保护层。

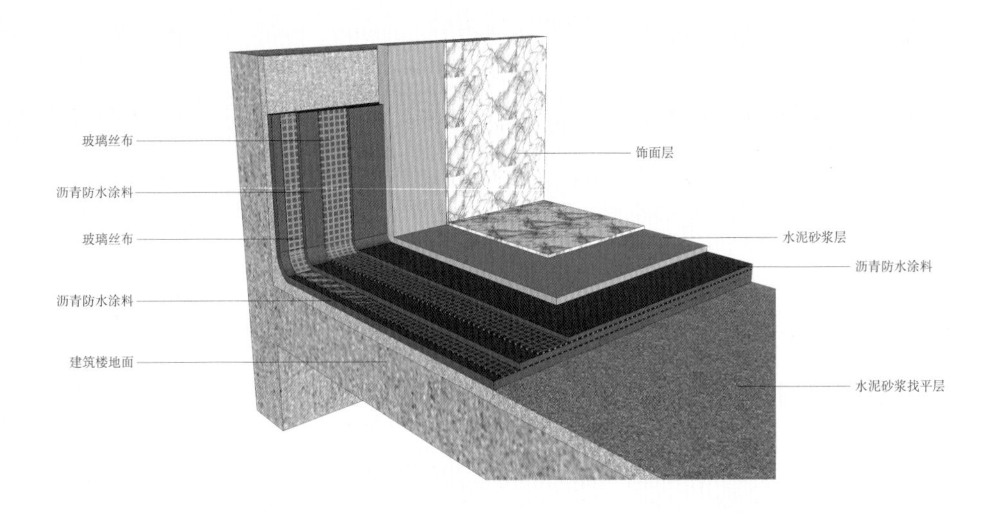

施工分层图

涂刷沥青防水涂料

防水层施工完毕

小贴士

施工注意事项

①施工前应先对基层进行处理，去除原有装饰材料，把浮土、水泥清理干净，要求表面平整、干燥。

②直接作为防水层涂刷施工时，沥青防水涂料应涂刷均匀，玻璃丝布与防水层封闭严密，不能有漏刷、起鼓和脱落的现象，否则会影响防水效果。

防水密缝材料

聚氨酯建筑密封膏 —— 聚氨基甲酸酯聚合物

防水密缝材料的组成

1. 材料特点

物理性能特点：防水密缝材料也叫作嵌缝材料。防水密缝材料主要应用于建筑上的各种接缝或裂缝、变形缝（沉降缝、伸缩缝、抗震缝）及管道与建筑构件的交界处等部位，以保持水密、气密性能。

原料分层特点：防水密缝材料的种类较多，但多为混合式膏体，这里以聚氨酯建筑密封膏为例解析成分。聚氨酯建筑密封膏是以聚氨基甲酸酯聚合物为主要成分、双组分反应固化型的防水密缝材料。从施工角度来说，它可分为膏体和结构两部分。

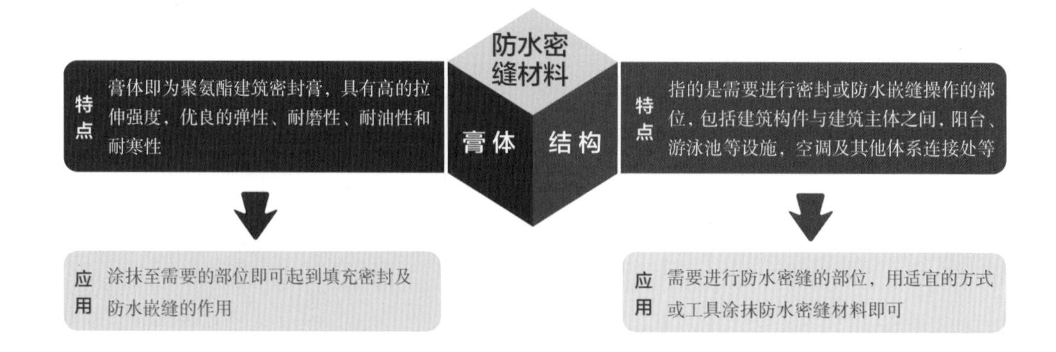

2. 材料分类

防水密缝材料按照原料种类可分为沥青嵌缝油膏、聚氨酯建筑密封膏及丙烯酸酯建筑密封膏三种类型。

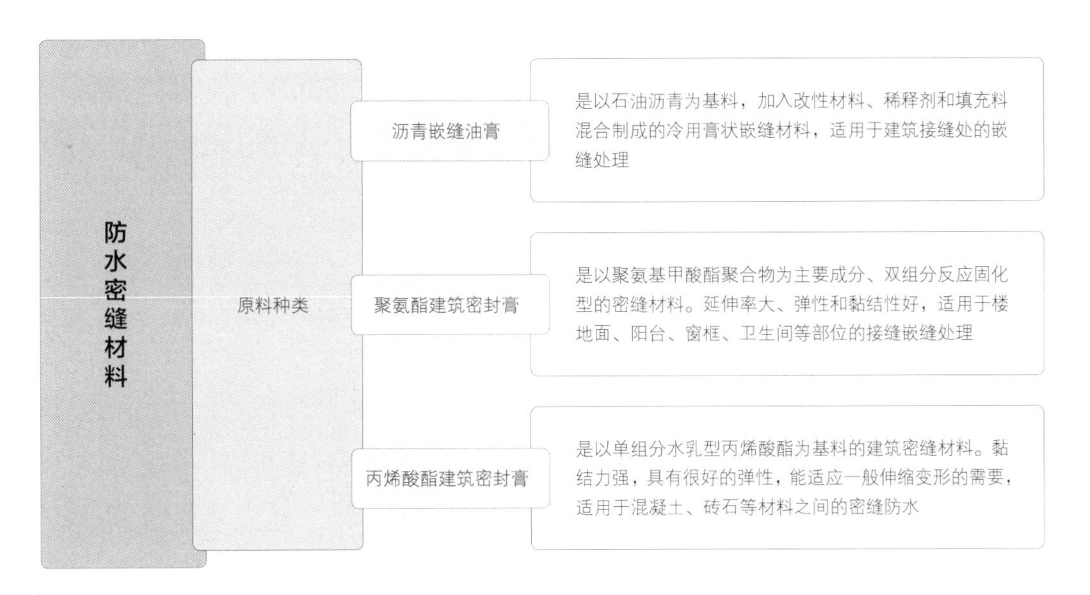

3. 施工形式

防水密缝材料的常用施工形式可分为管道交界处施工和变形缝施工等。施工时，将防水密缝材料涂抹在需要处理的部位即可。通常来说，跨越立面和平面的部位需要处理成圆弧形。

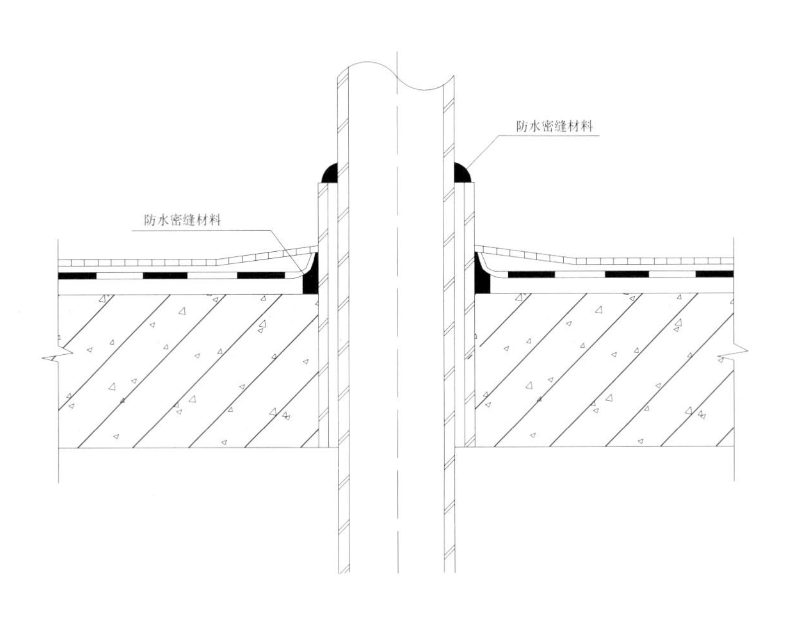

管道密缝施工分层图

合成高分子防水卷材

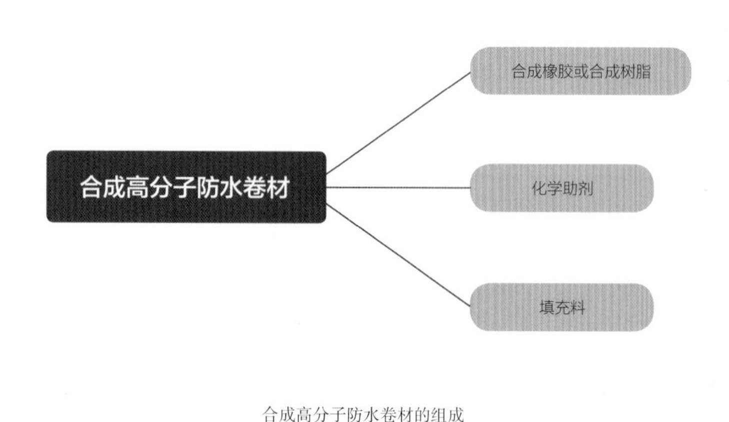

合成高分子防水卷材的组成

1. 材料特点

物理性能特点：防水卷材除了沥青类的产品外，还包括合成高分子防水卷材。具有抗水渗透和耐酸碱性能，材料的拉伸强度高，断裂伸长率大，能承受温度差变化以及各种外力与基层伸缩、开裂所引起的变形，整体性好，既能保持自身的黏结性，又能与基层牢固黏结。主要用于多层防水层下层及防潮层的施工。

原料分层特点：合成高分子防水卷材是以合成橡胶、合成树脂或此两者的混合物为基料，加入适量的化学助剂和填充料等，经不同的工序加工而成的可卷曲的片状防水材料。从施工角度来说，它可分为防水层和饰面层两部分。

2. 材料分类

合成高分子防水密卷材根据所用原料种类不同，可分为聚乙烯丙纶高分子复合防水卷材、三元乙丙橡胶防水卷材、氯化聚乙烯－橡塑共混防水卷材、氯化聚乙烯防水卷材及PVC防水卷材五种类型；按照施工方式可分为自黏式和胶黏式两种类型。

3. 施工形式

合成高分子防水卷材的施工法与沥青防水卷材相同，都分为热熔法和冷粘法两种形式，多数产品都采用冷粘法施工，而冷粘法又包括有满粘法、空铺法、条粘法和点粘法等方式。

（1）热熔法

PVC 防水卷材主要采用热风焊接的方式来施工，即采用热空气焊枪（喷灯）加热防水卷材搭接缝进行黏结，这样做可以保证焊缝的效果。具体步骤和方式可参考沥青防水卷材部分的内容。

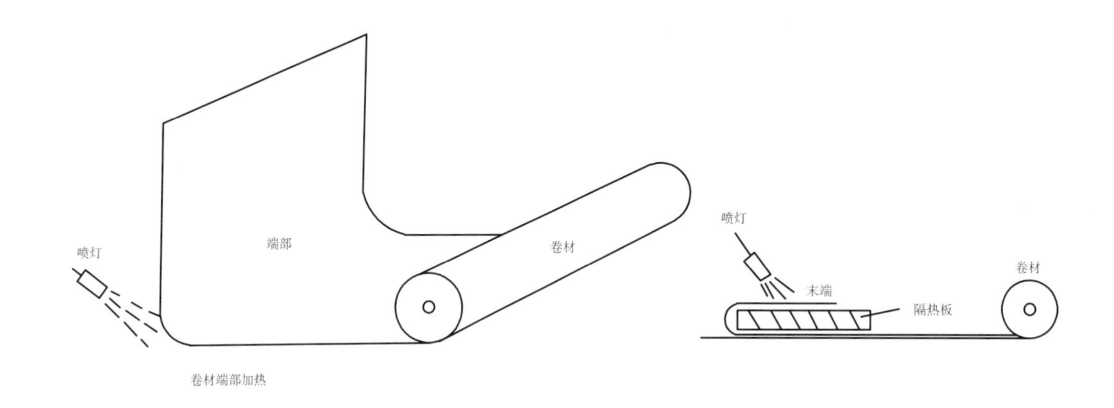

施工分层图

（2）冷粘法

满粘法：是指在铺贴防水卷材时，卷材与基层采用全部黏结的施工方法，是室内较多使用的一种施工方法。

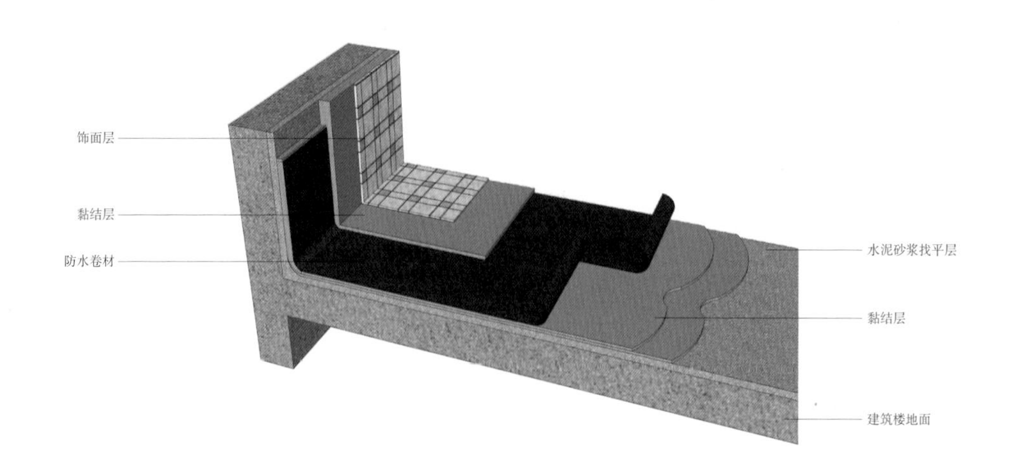

施工分层图

空铺法：是指铺贴防水卷材时，卷材与基层在周边一定宽度内黏结，其余部分不黏结的施工方法。例如防水层采用满粘法施工时，找平层分隔缝处适宜空铺，并宜减少短边搭接。

条粘法：卷材与基层采用条状黏结的施工方法。每幅卷材与基层黏结面不少于两条，每条宽度不小于 150mm。卷材与卷材搭接应满粘，叠层铺也应满粘，较多用于屋顶防水。

点粘法：是指铺贴防水卷材时，卷材或打孔卷材与基层采用点状黏结的施工方法，较多用于屋顶防水。

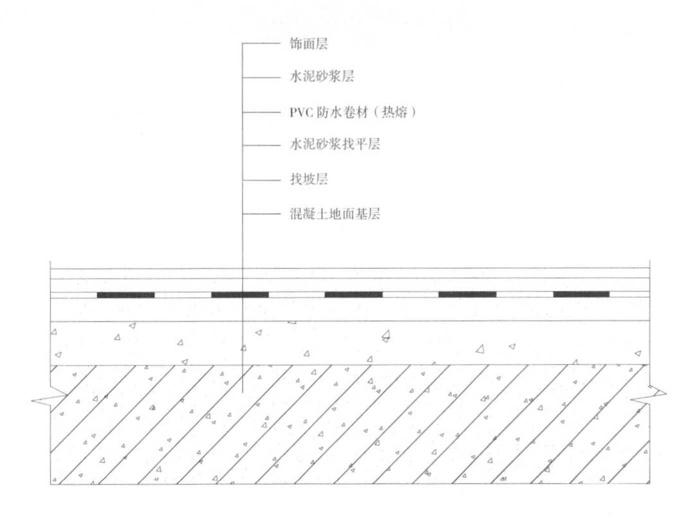

施工分层图

空铺法施工

条粘法施工

小贴士

施工注意事项

①铺贴防水卷材时，施工环境温度应在 -5℃以上。采用满粘法施工时，卷材使用温度只能在 5℃以上。

②防水卷材施工前需要用喷机对地面喷洒底子油，然后按照图纸和实际情况安排好地漏等。

③长边搭接不少于 70mm，短边搭接不少于 150mm，相邻两幅卷材短边搭接应错开不少于 500mm。

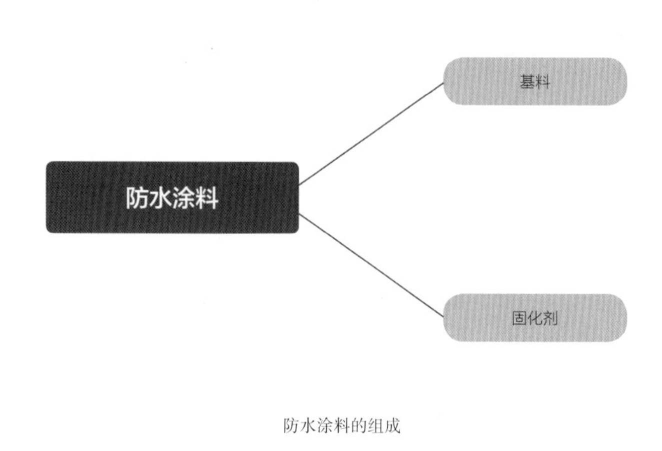

防水涂料的组成

1. 材料特点

物理性能特点：防水涂料是室内使用较多的一种防水材料，它在常温下呈黏稠状液体，经涂布固化后能形成无接缝的防水涂膜。具有良好的耐水、耐候、耐酸碱特性和优异的延伸性能，能适应基层局部变形的需要。施工属于冷作业，操作简便、劳动强度低。对于基层裂缝、结构缝、管道根等一些容易造成渗漏的部位，极易进行增强、补强、维修等处理。

原料分层特点：防水涂料的种类较多，总体来说其组成成分可分为基料和固化剂两大部分。从施工角度来说，可分为防水层和饰面层两个组成部分。

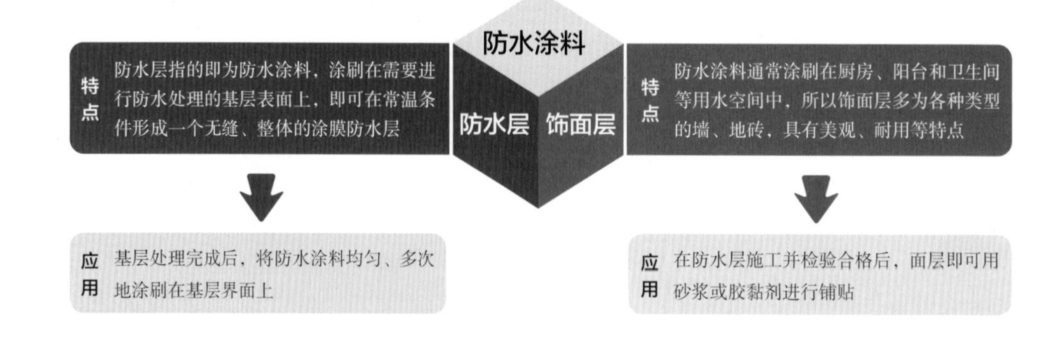

2. 材料分类

防水涂料按类型可分为溶剂型、水乳型、反应型三种；按所用主要材料可分为聚合物水泥基防水涂料、合成高分子防水涂料、丙烯酸防水涂料、聚氨酯防水涂料、灰浆类防水涂料等多种类型。

3. 施工形式

防水涂料根据施工空间的不同，可分为叠加玻璃纤维布法和单独涂刷法两种形式。

（1）叠加玻璃纤维布法

此种施工方式适合用于地下室等湿度大的空间，分为一布四涂和二布六涂两种方式。

一布四涂：嵌完缝后先刷一遍涂料，待干后再刷一层，边刷边铺玻璃纤维布。玻璃纤维布上刷满涂料，要求无皱褶，无气泡，无堆积，无漏刷，涂刷均匀。待实干后再刷一层涂料。

二布六涂：按一布四涂的做法，在一布实干后再刷一层涂料，铺一层布，边刷边铺玻璃纤维布，上面刷满一层涂料，待干后刷一层涂料。

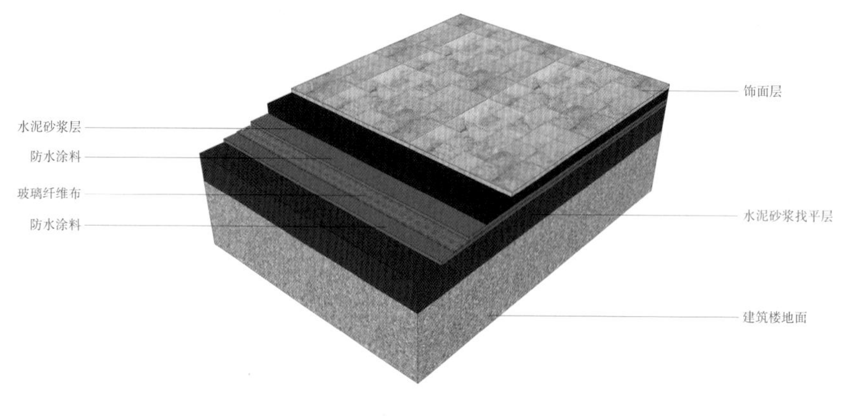

一布四涂施工分层图

（2）单独涂刷法

单独涂刷防水涂料而不使用任何辅助材料的施工方式即为单独涂刷法。使用毛刷或滚刷将膏浆均匀地涂刷于基面上，先涂刷墙体交界处、地漏、管道根部等细部，而后涂刷第一道涂料，第一道完工且待其干固（约 2h）后，再涂刷第二道，第一道应与第二道的涂刷方向相垂直，不停重复，直至达到施工标准为止，大约需 4 道。

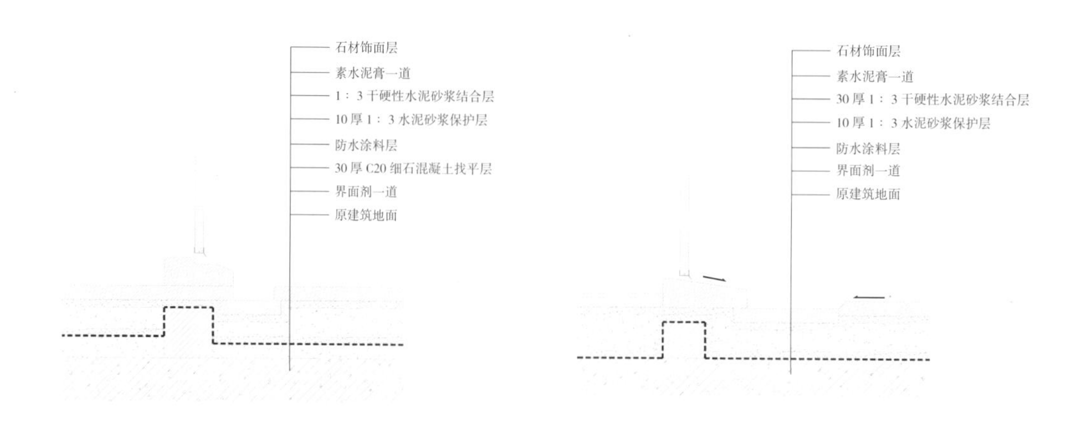

卫生间防水施工分层图

墙、地交界处重点处理

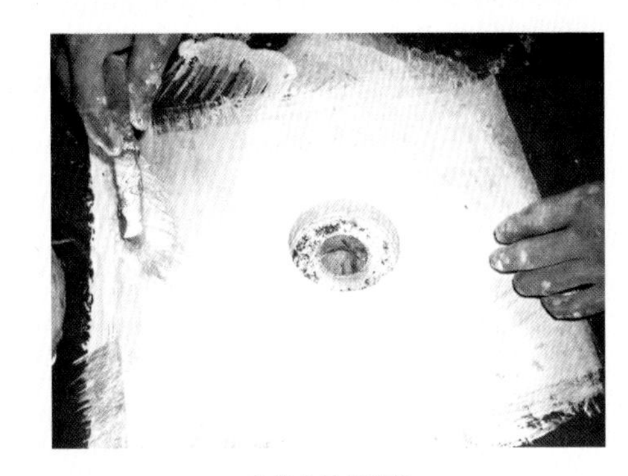

地漏处重点处理

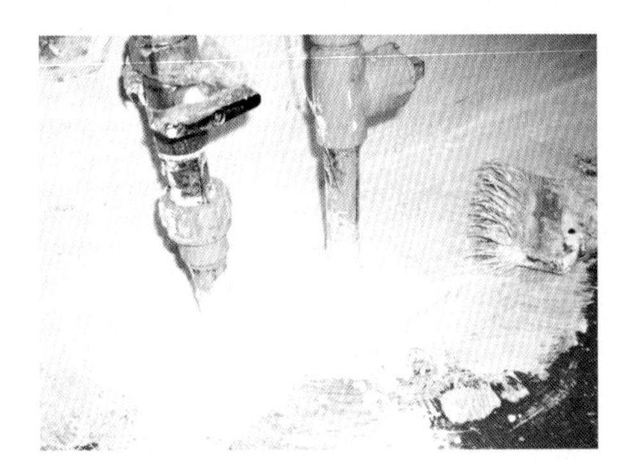

管道根部处重点处理

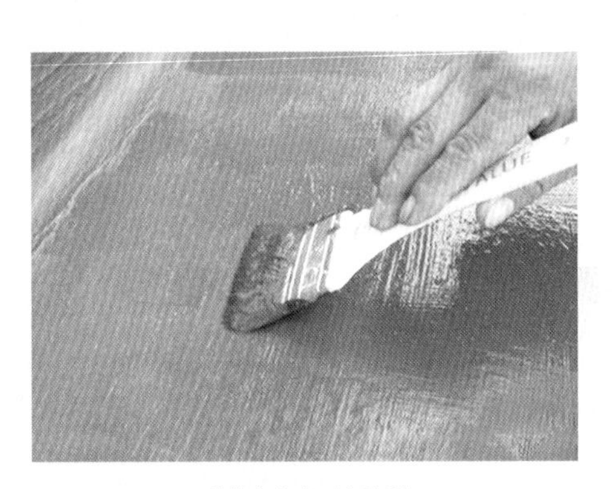

其他部位大面积涂刷

地面涂刷完毕

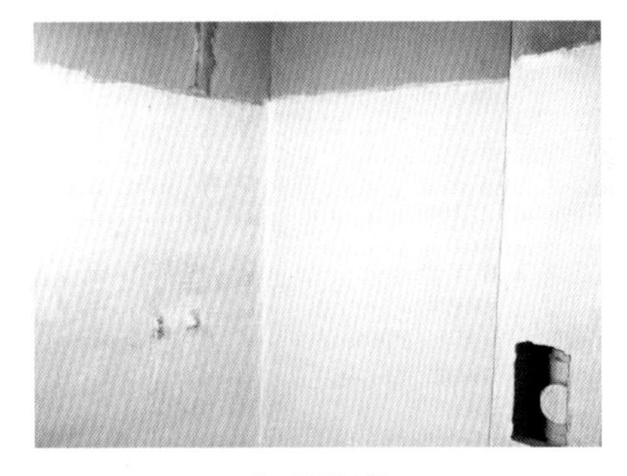

墙面涂刷完毕

小贴士

基层处理方式很重要

施工基层的表面必须平整、坚实、干净，无油污、浮尘以及其他松动物。对于较大的孔洞及裂缝应先用修补砂浆进行修补；预制板、板缝需经专业密封处理后再进行施工；对于疏松多孔的底材，尤其是水泥纤维板等，必须在涂刷防水浆料之前，先进行界面处理。

防水砂浆

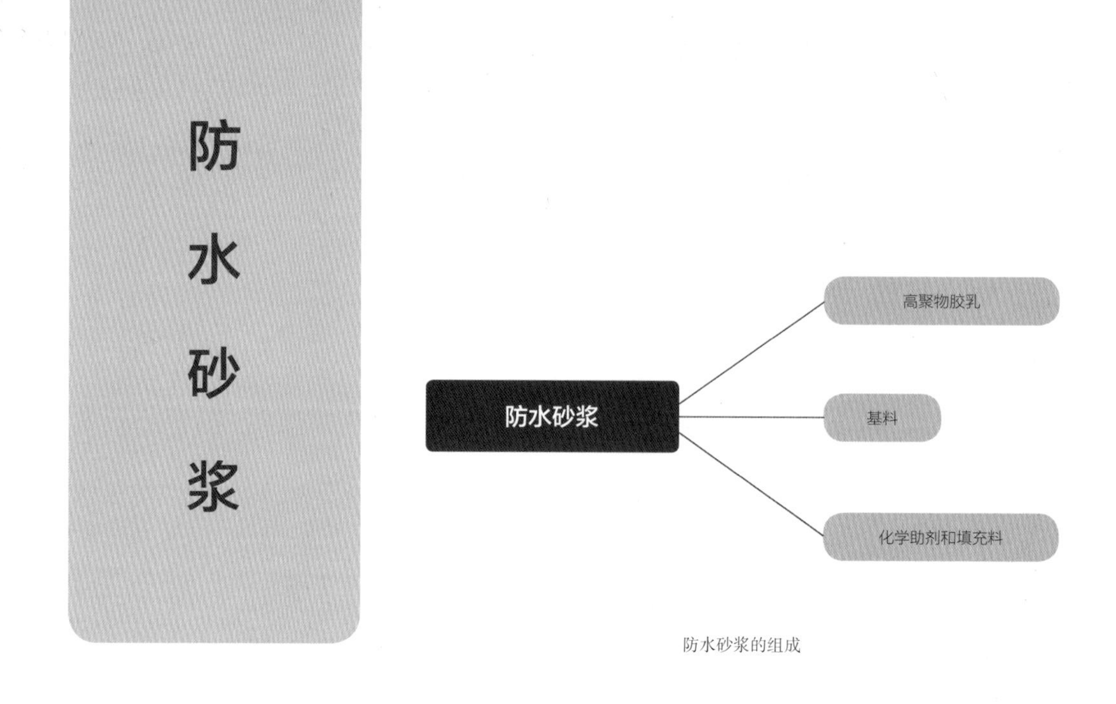

防水砂浆的组成

1. 材料特点

物理性能特点：制作砂浆防水层（又称刚性防水）所采用的砂浆称作防水砂浆，它又叫阳离子氯丁胶乳防水防腐材料。具有良好的耐候性、耐久性、抗渗性、密实性和极高的黏结力以及极强的防水防腐效果。与水泥、砂子混合可使灰浆改性，可用于建筑墙壁和地面的处理及地下工程防水层。

原料分层特点：防水砂浆是一种高分子改性基防水防腐系统，由多种物质组成的高聚物胶乳加入基料和适量化学助剂及填充料，经塑炼、混炼、压延等工序制成，使用时需要加水调和。从施工角度来说，可分为防水层和饰面层两类。

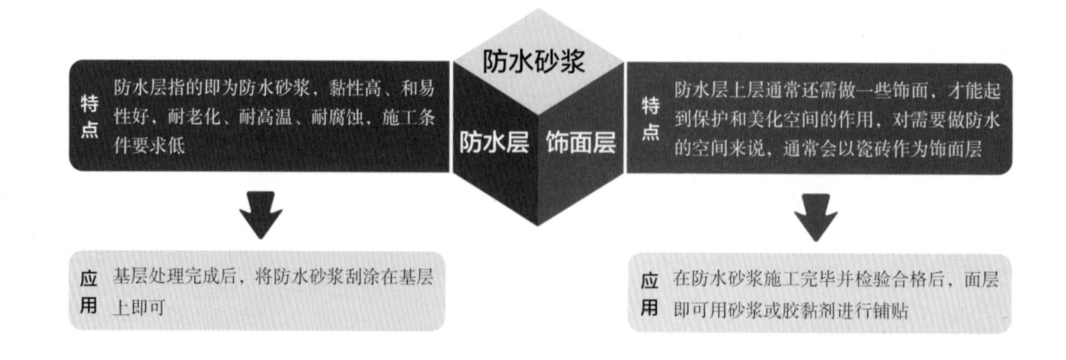

2. 材料分类

用作防水工程的防水层的防水砂浆有刚性多层抹面水泥砂浆、掺防水剂的防水砂浆及聚合物水泥防水砂浆三种类型。

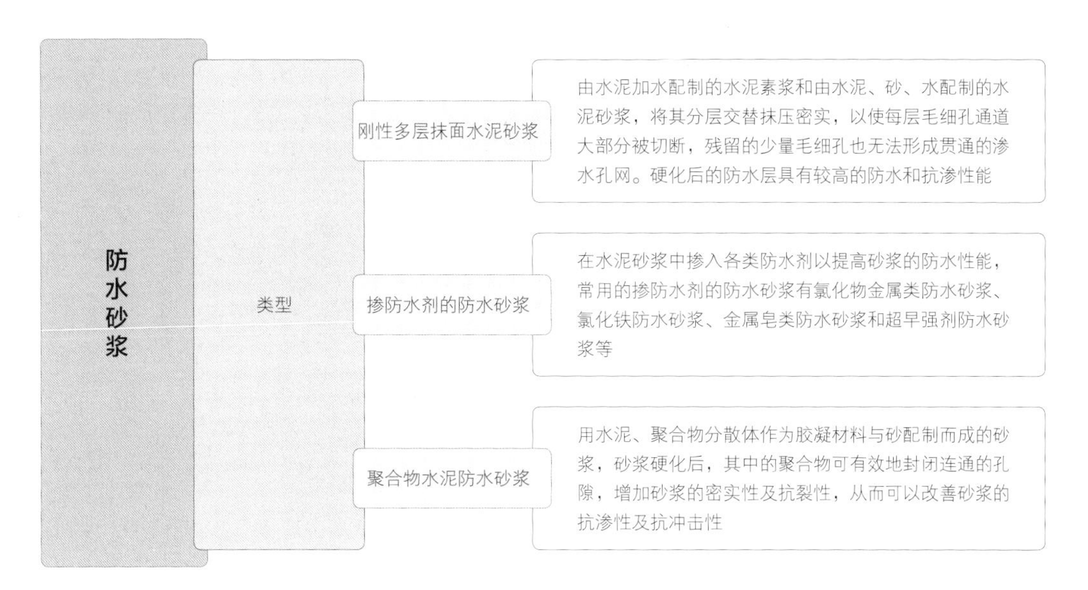

3. 施工形式

防水砂浆粉刷前，先在润湿、清洁的地面上抹一层低水灰比的纯水砂浆（有时也用聚合物水泥砂浆），然后涂一层防水砂浆。在初凝前，用木抹子压实一层，第二至第四层都是以同样的方法进行操作，最后一层要压光。粉刷时，每层厚度约为 5mm，共粉刷 4~5 层，共 20~25mm 厚。粉刷完后，必须加强养护，防止开裂。

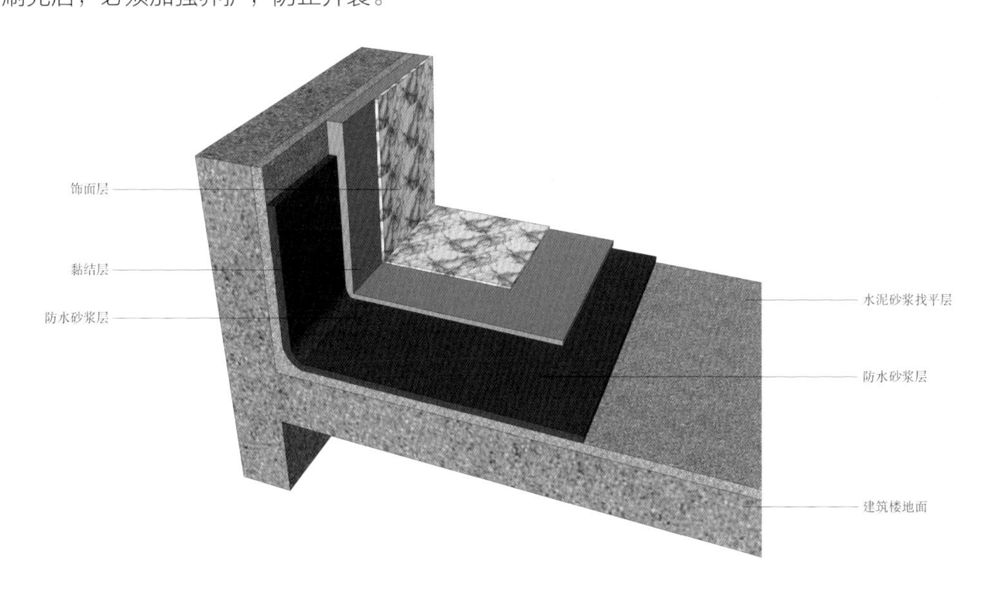

施工分层图

渗透结晶型防水材料

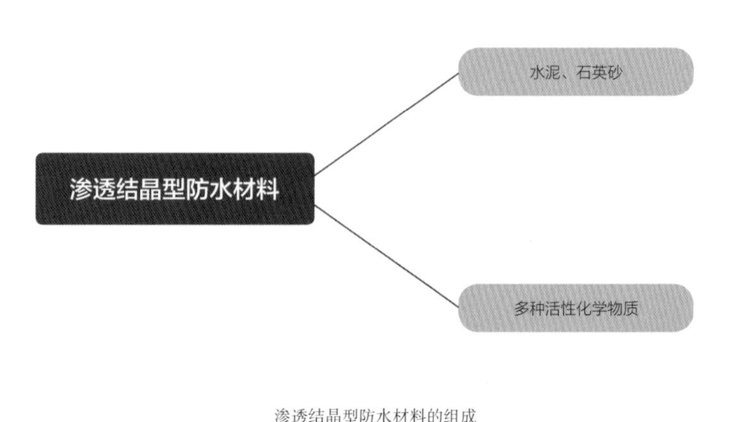

渗透结晶型防水材料的组成

1. 材料特点

物理性能特点：渗透结晶型防水材料全称为水泥基渗透结晶型防水材料，简称为 CCCW。其综合性能及性价比优于其他类型的防水材料，是全世界最主流的防水材料之一。它属于无机材料，具有自愈合性能，可以自愈合 0.4mm 混凝土裂缝；无毒、环保，防腐，耐酸碱，可以提高混凝土强度；施工快速，节省工期。适用于卫生间、地下室中的防水工程。

原料分层特点：水泥基渗透结晶型防水材料是以特种水泥、石英砂等为基料，掺入多种活性化学物质制成的粉状刚性防水材料。与水作用后，材料中含有的活性化学物质通过载体水向混凝土内部渗透，在混凝土中形成不溶于水的结晶体，堵塞毛细孔道，从而使混凝土致密、防水。从施工角度来说，可分为防水层和饰面层两部分。

2. 施工形式

根据水泥基渗透结晶型防水材料具体的施工方法，严格按照水灰比将粉剂与干净的水混合。混合好的浆料静置 5min 后，稍加混合后即可使用，搅拌料要拌透、拌匀。若涂刷可用硬鬃毛刷或其他涂刷工具，将混合好的渗透结晶型防水涂料均匀涂覆于基面上，涂刷方向应一致均匀，待第一层干固后进行第二层涂刷，涂刷方向应与第一层的方向相垂直。也可用批刀将浆料抹涂在基面上。

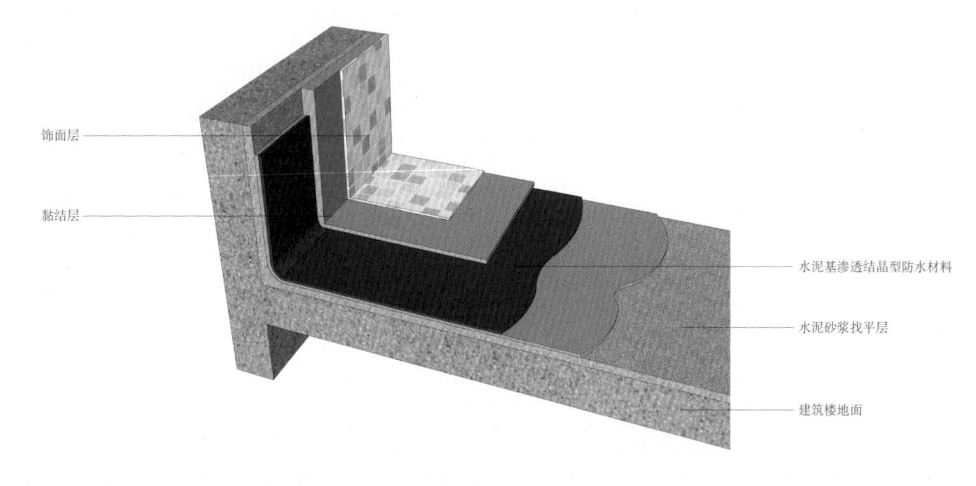

施工分层图

刮涂施工

完工后必须进行蓄水试验

小贴士

施工注意事项

①施工前基面充分润湿，以利于渗透结晶活性组分借助水分向内部渗透，但要注意基面不可有明水。

②应先处理渗漏点、缝、面，再进行大面积施工。重点防水部位应适当提高用料量，做加强处理。

③防水构造外侧面如需装饰或做其他面层，可采用刮涂施工，以提高渗透结晶型防水涂层的密实度及内聚力。

防水剂的组成

1. 材料特点

物理性能特点：防水剂又名防水精、堵漏王、堵漏灵，是一种化学外加剂，属于新型高科技防水产品。较为常用的是砂浆防水剂，掺入水泥砂浆中，可提高水泥砂浆的防水性能。具有防水寿命长、适用范围广、施工简单、成本低、安全环保的特点。适用于地下室、卫生间、地面、墙壁等处的防水工程。

原料分层特点：高级脂肪酸防水剂是以植物提取的高级脂肪酸为主要原料的水泥砂浆、混凝土防水剂。从使用角度来说，可分为防水料和辅助料两部分。

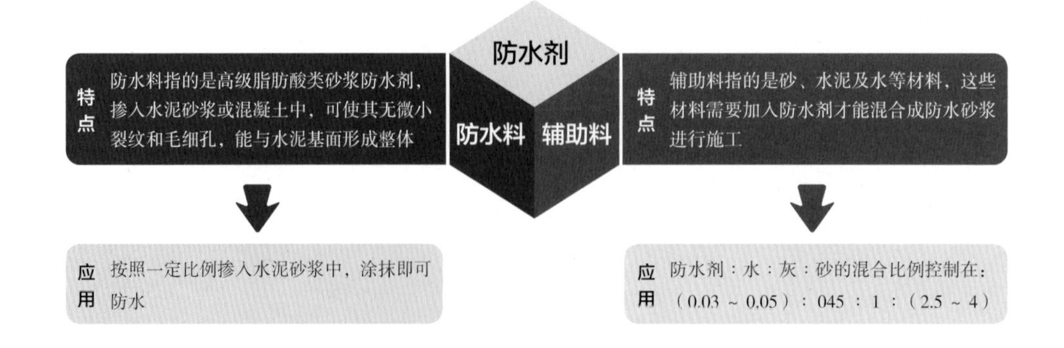

2. 材料分类

防水剂按照使用对象可分为皮革防水剂、纺织防水剂、砂浆防水剂及有机硅防水剂四种类型，本节主要讲解的是砂浆防水剂。

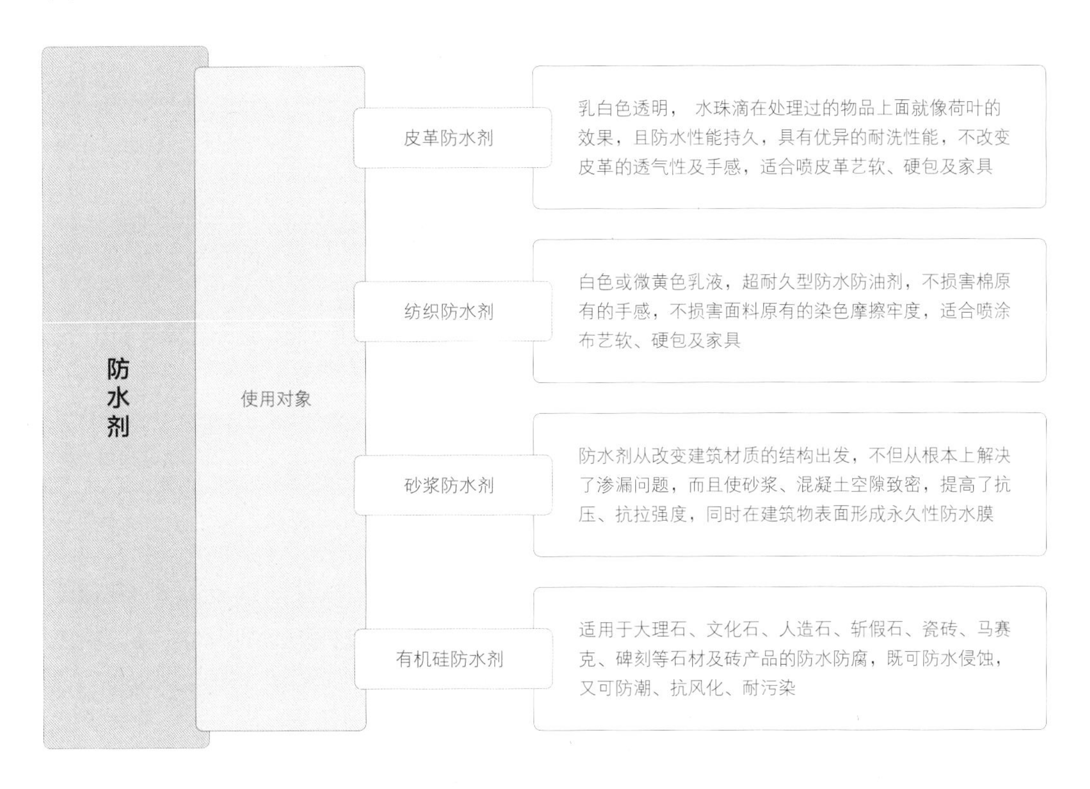

3. 施工形式

首先清理基层泥沙、杂物、油污等；按比例混合砂浆，为保证混合均匀，应当先将有机硅防水剂与水混合均匀再加水泥和砂子。然后按照防水砂浆的工艺进行施工即可。

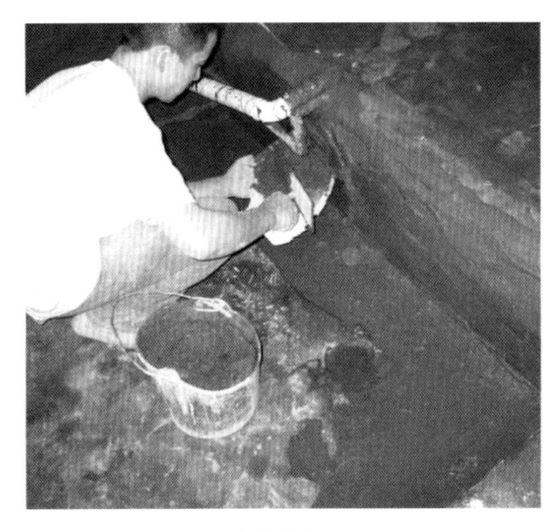
砂浆涂抹施工

施工完成面

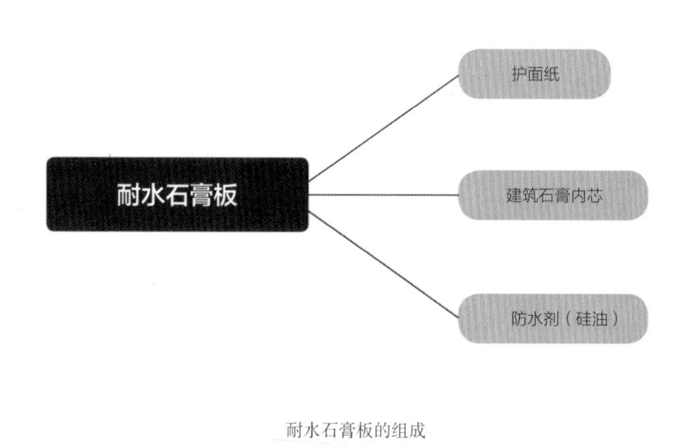

耐水石膏板的组成

1. 材料特点

物理性能特点：耐水石膏板是指吸水率较低的一类纸面石膏板（5% 左右），可耐水、耐潮湿，是一种比较好的具有更广泛用途的板材。它能够用在湿度较大的区域中，如卫生间、沐浴室和厨房等，但不可直接暴露在潮湿的环境里，也不可直接被水长时间浸泡。与普通纸面石膏板的用途相同，可用于顶面和墙面部位的施工。

原料分层特点：耐水石膏板的板芯和护面纸均经过了防水处理，加入了硅油。防潮的处理原理为包覆原理，硅油包裹住石膏分子。按照整体结构来说，它可分为内芯和面层两部分。

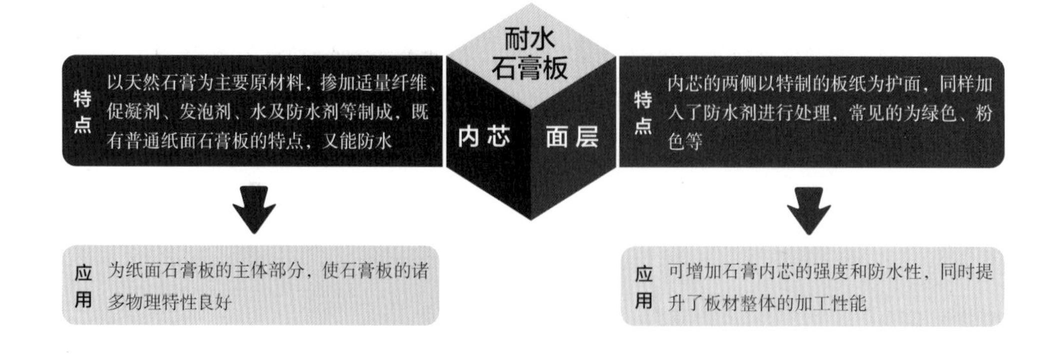

2. 施工形式

耐水石膏板的施工方式与普通纸面石膏板的施工方式相同，可制作吊顶、隔墙和墙面造型，但因为其特性，前两者较为常用。施工需要使用木龙骨或轻钢龙骨作为骨架基层，而后将耐水石膏板固定在龙骨架上，再做饰面即可。需要注意的是，饰面时如需要挂腻子，建议搭配耐水腻子来提高防水性能。

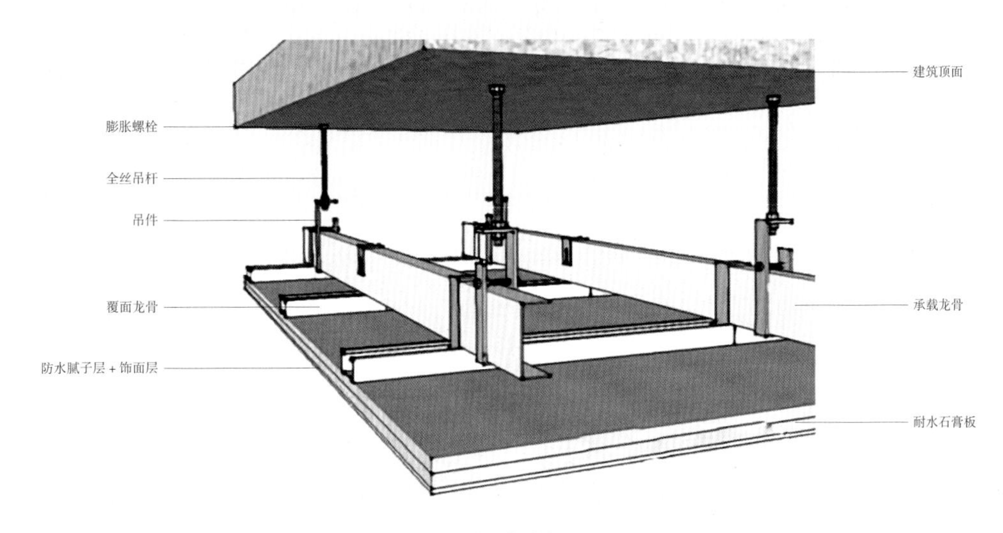

施工分层图

轻钢龙骨骨架施工

石膏板层完成后需补钉眼和缝隙

小贴士

施工注意事项

①为了提高石膏板的防水效果，其缝隙的处理非常重要。需将对缝处做成“V”字形，而后用耐水腻子填缝，再粘贴胶带。除此之外，钉子也要做好防锈处理。

②潮湿空间内的施工尽量选择轻钢龙骨作为骨架，若必须使用木龙骨，则需做好防潮、防腐措施。

CHAPTER FOUR

防火材料是具有防止或阻滞火焰蔓延性能的建筑材料，对防火具有绝对性作用。有不燃材料和难燃材料两类。

第四章

防火材料是指各种对室内防火起到绝对性作用的建筑材料，具有防止或阻滞火焰蔓延的性能。火灾是较为常见的且危害较大的一种灾害，它不仅会对人的生命造成威胁，还会损害财产。建筑火灾的成因除与建筑结构类型等因素有关外，很大程度上与建筑材料的防火耐火性能有关，可见，在进行室内装修时，使用防火材料来防患于未然是非常必要的。也正因为如此，近年来人们对材料防火性能的关注也越来越重视。

我国防火材料技术一直延续着“国外成熟技术引进为主，消化吸收后集成创新为辅”的发展思路。但近年来，因为人们对火灾防范意识的不断增强，也促使了防火材料的快速发展，主要体现为以下两方面。

开发能力不断提升：新型防火材料产品开发能力不断提升，产品安全与实用性、长久耐用性能提高，产品更新换代加快，正向着高效、节能、环保、节约资源的方向发展。

更加注重环保性能：新型防火材料较传统防火材料更多地采用不污染环境的生产技术，在产品配制或生产过程中，不使用甲醛、卤化物溶剂或芳香族烃类化合物，不使用铅、铬、镉及其化合物的颜料和添加剂。不仅不能损害人体健康，还对人体健康有益，同时具备多方面的功能，如抗菌、防霉、防火、阻燃、除臭、消声、防射线、消磁等。可循环或回收再利用，没有污染环境的废弃物，对环境的影响尽量小。

室内防火材料，可按照燃烧性能等级和常用材料类型等进行分类，分类与用途如下。

防火材料	分类	类别	材料	用途
防火材料	燃烧性能等级	不燃材料	混凝土、砂浆、砖混凝土、铁铝、石棉板、玻璃等	用途：顶面、墙壁、地面、门窗
		准不燃材料	水泥板、石膏板、准不燃装饰板等	用途：墙壁、地面
		阻燃材料	阻燃胶合板、阻燃纤维板、阻燃塑胶板等	用途：墙壁、地面
	常用材料类型	防火板材	装饰耐火板、玻镁防火板、水泥板材等	用途：顶面、墙壁
		防火木制窗框	—	用途：窗
		防火防蛀木材	—	用途：顶面、墙壁
		防火玻璃	夹层复合防火玻璃、夹丝防火玻璃和中空防火玻璃等	用途：门、窗
		防火涂料	饰面防火涂料、电缆防火涂料、混凝土结构防火涂料等	用途：墙壁、地面、电缆、建材
		装饰类材料	防火地板、防火壁纸等	用途：墙壁、地面
		建筑结构用料	混凝土、砂浆、砖混凝土、砌块等	用途：墙壁、地面

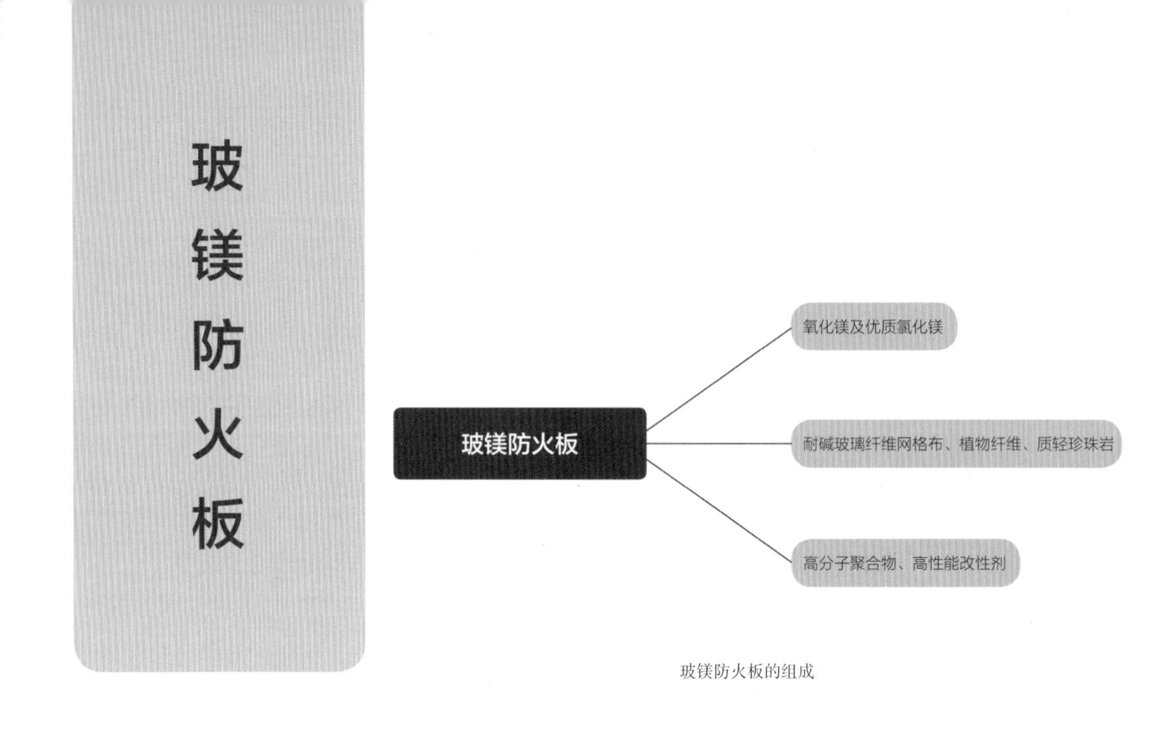

玻镁防火板的组成

1. 材料特点

物理性能特点：玻镁防火板也叫作玻镁板、氧化镁板、菱镁板、镁质板，具有耐高温、阻燃、吸声、防震、防虫、防腐、无毒、无味、无污染、可直接刷油漆、直接贴面，可用气钉施工，表面可直接粘贴瓷砖，表面有较好的着色性，强度高、耐弯曲、有韧性、可钉、可锯、可粘，装修方便等优点。可用作墙板、吊顶板或替代木质胶合板做墙裙、门窗、板门板、家具等。

原料分层特点：玻镁防火板是由活性高纯氧化镁（MgO）、优质氯化镁（$MgCl_2$）、耐碱玻璃纤维网格布、植物纤维、不燃质轻的珍珠岩、立德粉、高分子聚合物及改性剂等制成的一体式建材。从其常用施工方式来说，可分为防火层和骨架两部分。

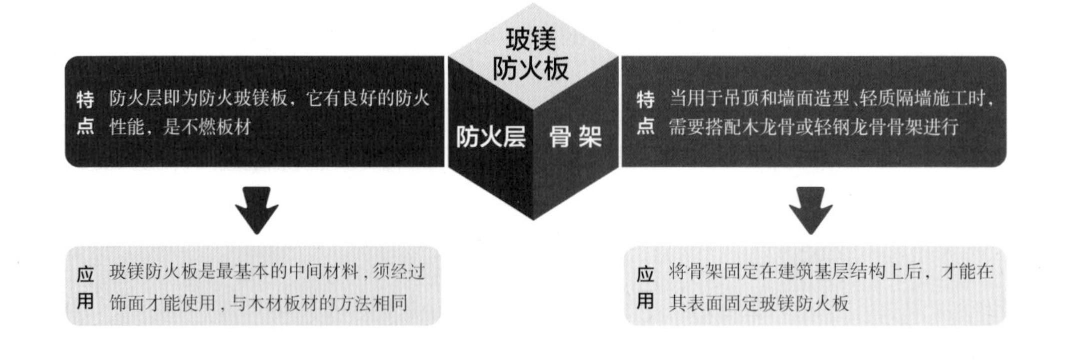

2. 施工形式

玻镁防火板可如石膏板一般作为吊顶材料施工，也可如木质板一般做造型再饰面，但更多的是用于轻质隔墙的防火工程中。制作方式同普通轻质隔墙一样，需要先固定轻钢龙骨架，骨架间可根据需要选择塞入或不塞入具有防火性能的隔音棉，面层封玻镁防火板，而后做饰面层即可。

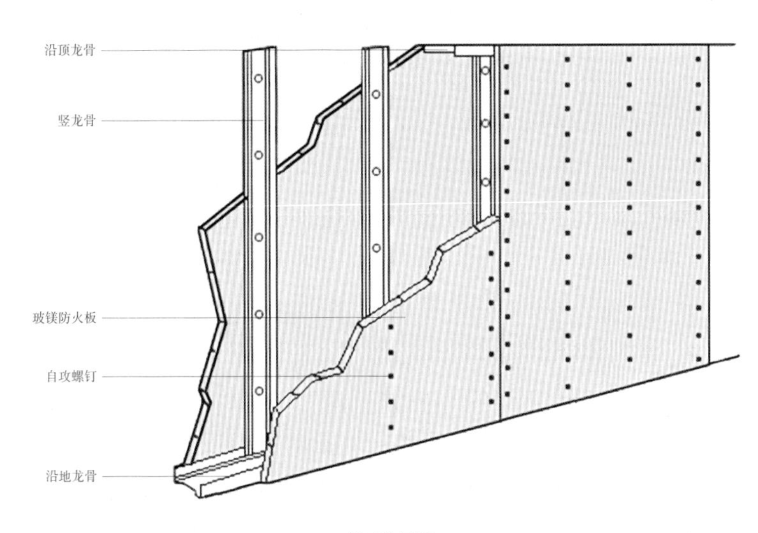

施工分层图

轻钢龙骨骨架施工

玻镁防火板安装

小贴士

施工注意事项

①一般情况下建议用 8mm 厚度以上的玻镁板做隔墙板。

② 6mm 以上的板材固定在框架龙骨上，要用 3.52mm 的沉头镀锌螺钉固定，钉头低于板面 0.5mm，以便保证饰面平整。

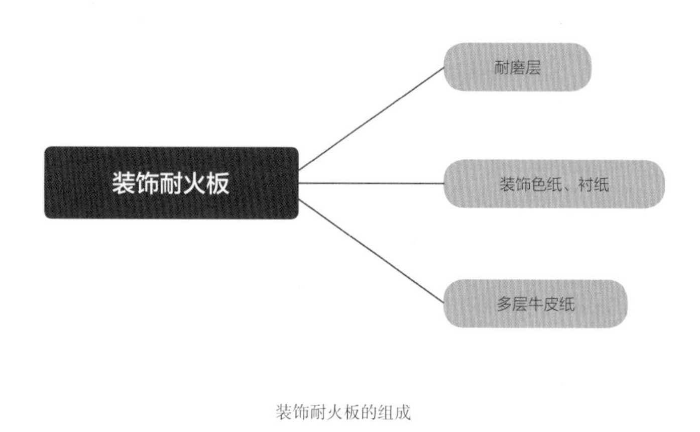

装饰耐火板的组成

1. 材料特点

物理性能特点：装饰耐火板也叫作装饰防火板，学名为热固性树脂浸渍纸高压层积板，是一种具有装饰性的防火材料。其色泽鲜艳、款式多样，除纯色款式外，还能仿制多种纹理，具有较强的装饰性。耐火、阻燃，耐光性好，耐高温及耐沸水性好，表面毛孔细小，不易被污染，耐脏，易清洁。可用来装饰墙面、台面、家具表面、楼梯踏步等部位。

原料分层特点：装饰耐火板的表层为耐磨层，中间层为衬纸和色纸，底层为多层牛皮纸，是一种由多层纸结构支撑的装饰薄板，所有的纸均经过三聚氰胺与酚醛树脂的浸渍后，经过热压连接为一体。从施工角度来说，可分为饰面和基材两部分。

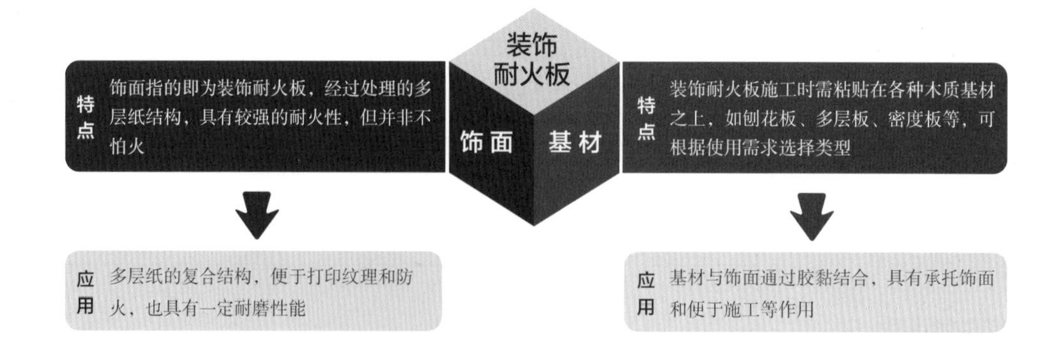

2. 材料分类

装饰耐火板按照贴面纹理可分为纯色、仿木纹、仿石材和金属四种类型。

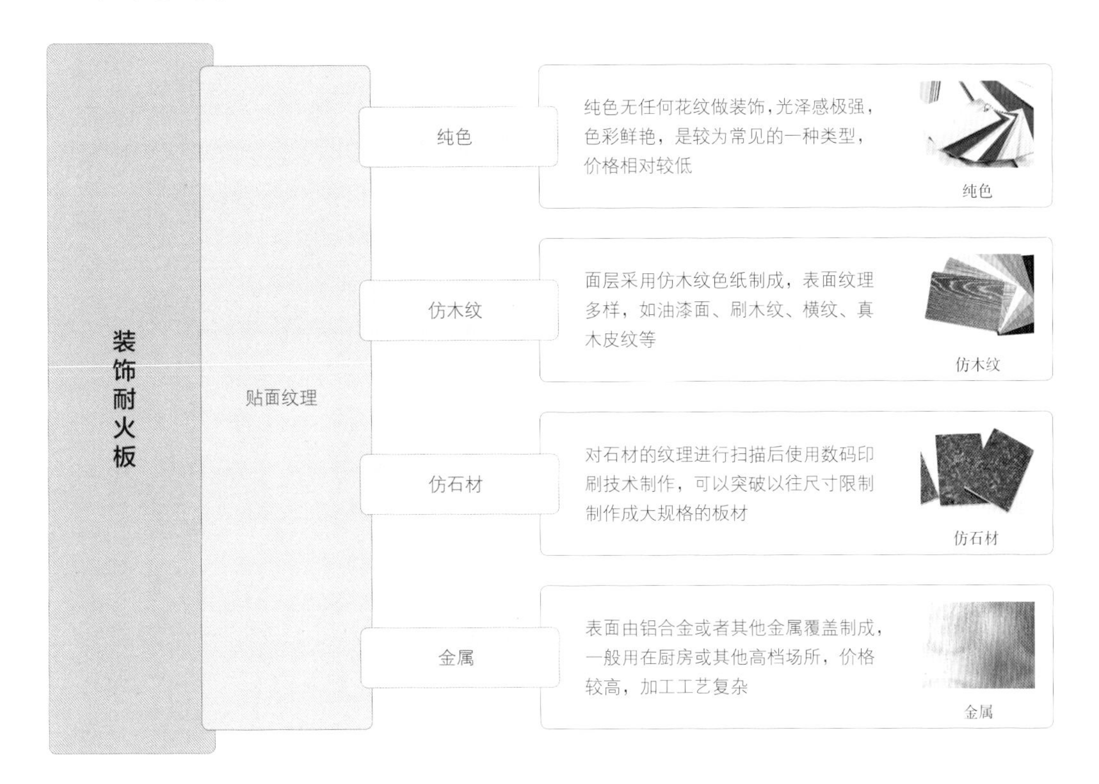

3. 施工形式

装饰耐火板的施工方式主要为黏结，涂刷好胶黏剂后直接粘贴于基层板上即可。它可装饰墙面，但多用于制作橱柜等需要耐火的家具。根据使用胶黏剂类型的不同可分为万能胶粘贴法和白乳胶粘贴法两种形式，可根据需要具体选择。

万能胶粘贴法：在基材和板材背面涂万能胶，放置一段时间，用手碰触，以手背接触布胶表面不粘手时为宜，再将装饰耐火板与基材黏合。

白乳胶粘贴法：在基材和板材背面涂白乳胶后，将装饰耐火板粘贴于基材上，用滚筒滚压黏合。在室温（25 ~ 30℃）条件下加压 12 h 以上即可。

小贴士

施工注意事项

①切割防火板时最好使用碳钢材质刀具，且从正面进刀，可以有效减少毛刺，使切面更平整。

②防火板贴合后若出现气泡，可把起泡处的地方用吹风机、熨斗等设备加热，之后施加压力使其胶合，再用包裹软布的平整木块压紧即可。

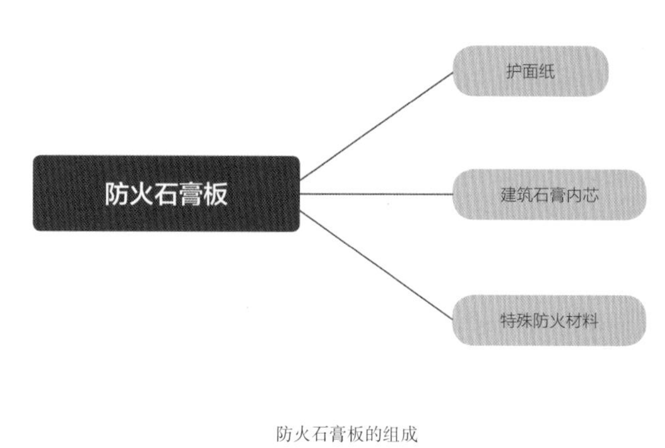

防火石膏板的组成

1. 材料特点

物理性能特点：防火石膏板与普通的纸面石膏板相比，其阻燃时间更长一些，在一定长的时间内可以保持结构的完整，延缓石膏板的坍塌，进而阻隔火势的蔓延，延长防火的时间。适用于有防火需求的房间，如厨房、卧室等，可用于吊顶、墙面造型和隔墙的施工。

原料分层特点：防火石膏板的板芯加入了玻璃纤维和其他添加剂等特殊防火材料，能够有效地在遇火时起到增强板材完整性的作用。按照整体结构来说，它可分为内芯和面层两部分。

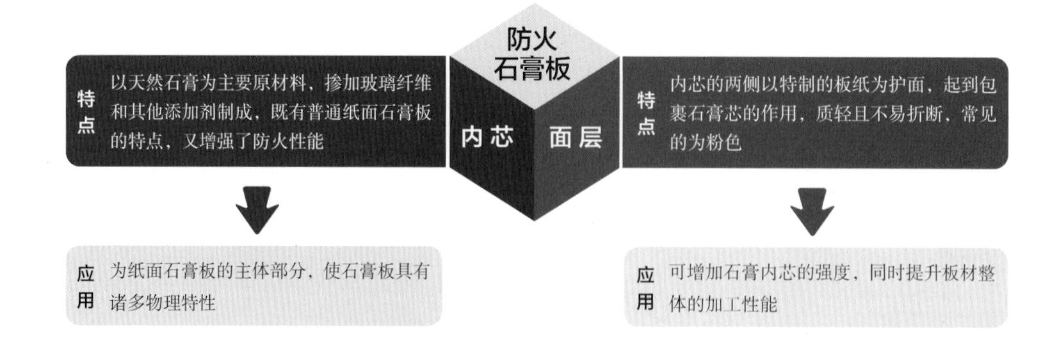

2. 施工形式

防火石膏板的施工方式与普通纸面石膏板的施工方式是相同的，可制作吊顶、隔墙和墙面造型。施工方式同耐水石膏板，可参考该部分内容，这里不再赘述。

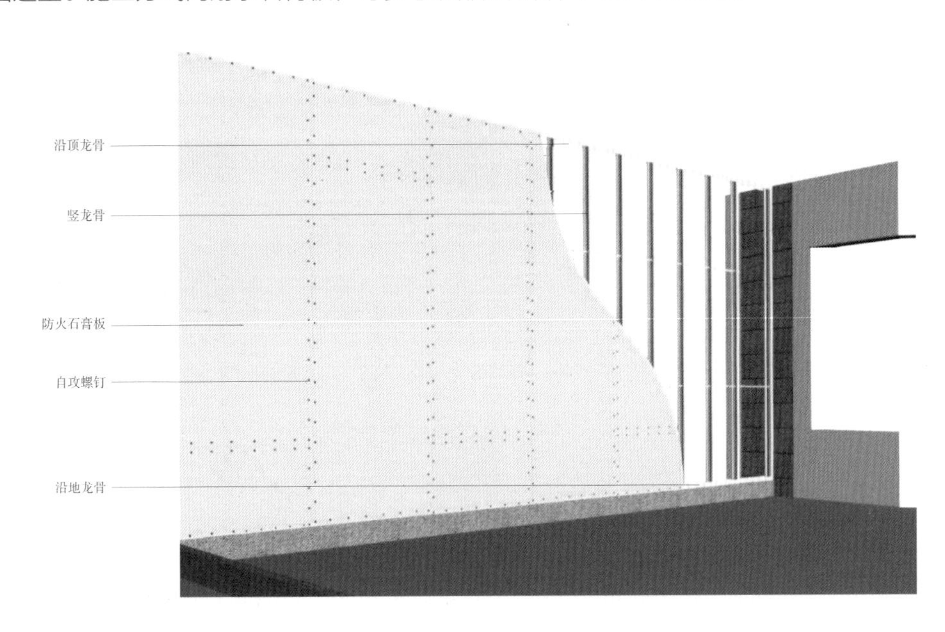

施工分层图

顶面龙骨架及墙面防火石膏板

顶面及墙面防火石膏板

小贴士

施工注意事项

①制作石膏板隔墙时，需要先做好墙位放线，即依据设计方案确定墙位，这个过程需要在其地面上做出墙位线，同时将线引到顶部及侧墙上，并保持横平竖直。

②隔墙周边应留 3mm 的空隙，这样可以减少因温度和湿度影响产生的变形及裂缝。

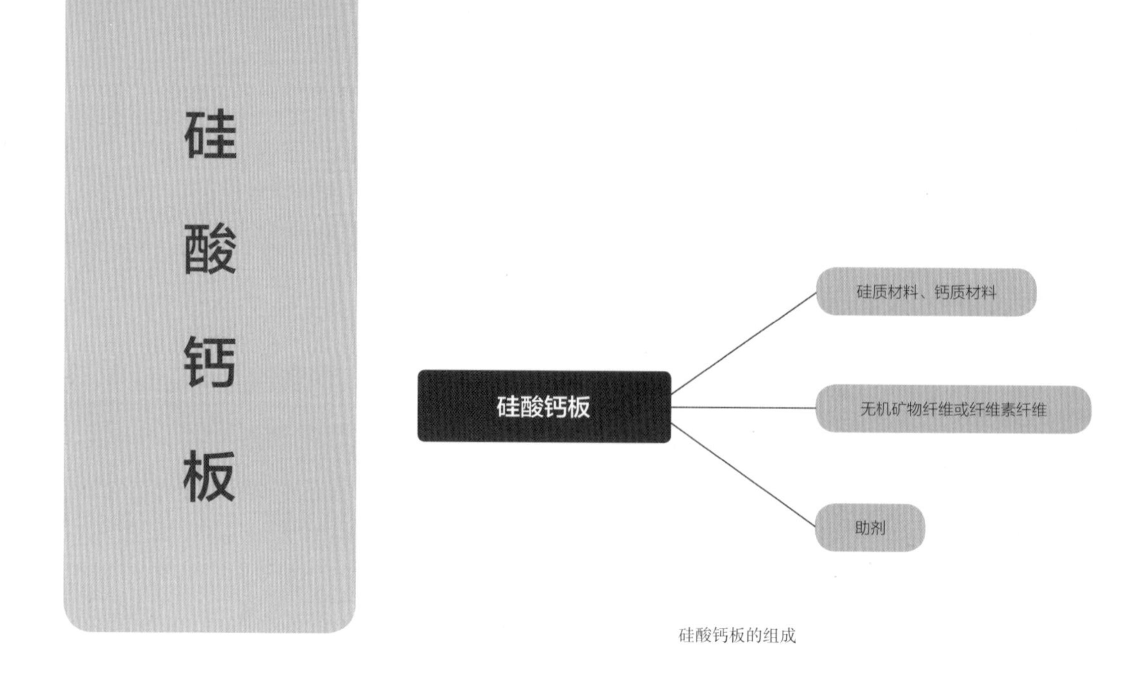

硅酸钙板的组成

1. 材料特点

物理性能特点：硅酸钙板是一种新型环保建材，除了具备纸面石膏板质轻、易加工等功能外，更具有优越的防火性能及极好的防水性能（在卫生间、浴室等高湿度的地方，不会膨胀或变形），且强度高，6mm 厚板材的强度大大超过 9.5mm 厚的普通纸面石膏板，适用于建筑的吊顶天花板和隔墙施工。

原料分层特点：硅酸钙板是一种由硅质材料（主要成分是 SiO_2，如石英粉、粉煤灰、硅藻土等）、钙质材料（主要成分是 CaO，如石灰、电石泥、水泥等）、增强纤维材料、助剂等按一定比例配合，经一系列工序而制成的一体式板材。从施工角度来说，可分为面板和骨架两部分。

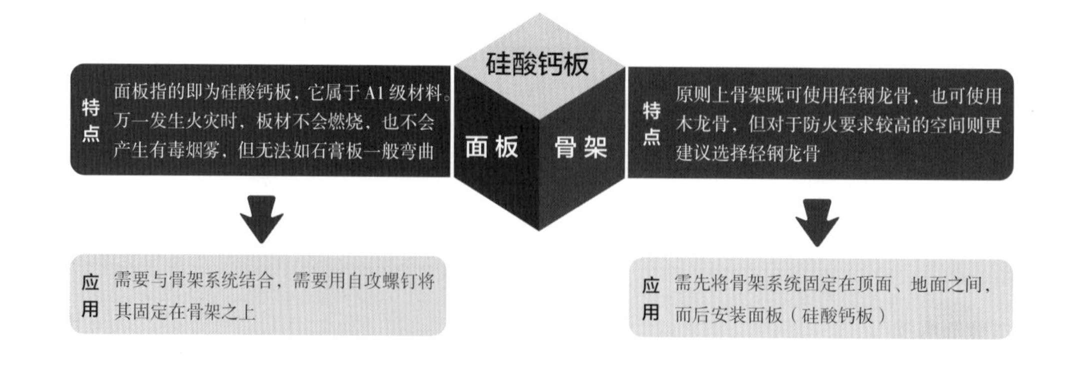

2. 材料分类

常用的硅酸钙板，根据面层类型可分为装饰板和普通板两种类型。

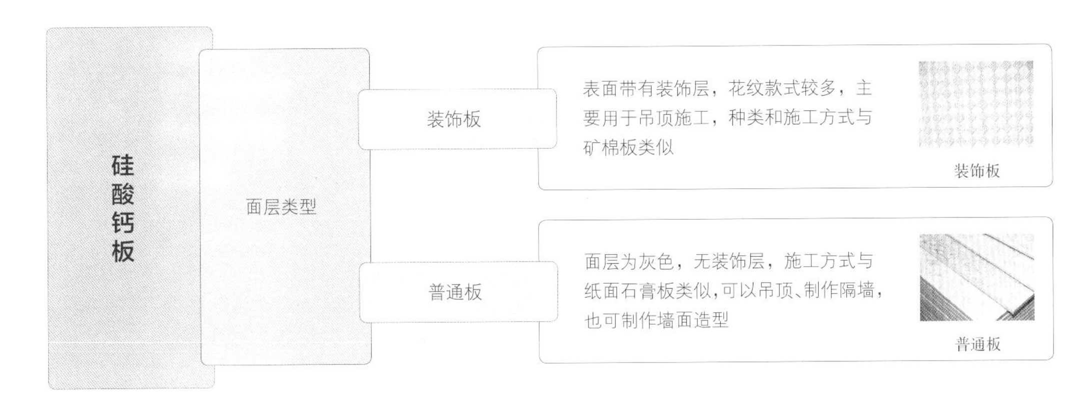

3. 施工形式

硅酸钙板多用来制作隔墙和吊顶，隔墙的施工步骤与之前介绍的材料基本相同，不再详细介绍。用其作为吊顶板时，有两种施工方式，表层有装饰的板材与矿棉板相同，可采取明架、暗架等方式安装；表层无装饰层的板材，可参考石膏板吊顶的施工方式，用螺钉与龙骨架固定，表面再刮腻子做饰面即可。

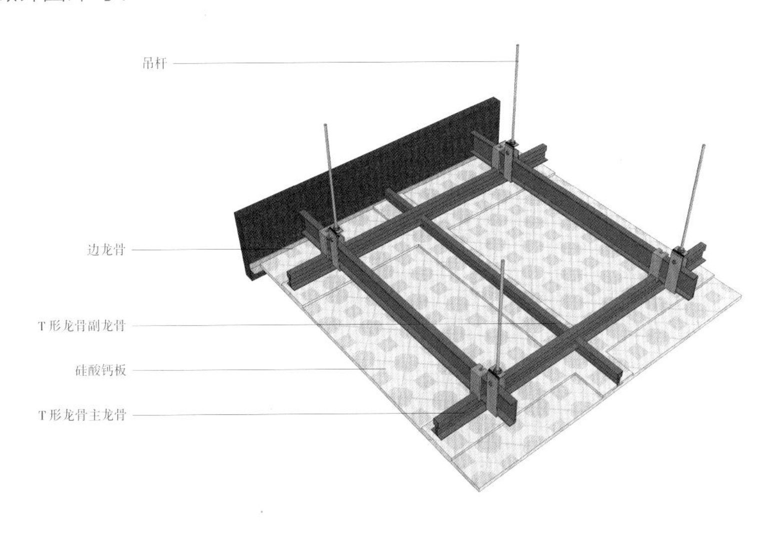

施工分层图

小贴士

施工注意事项

①在顶面安装硅酸钙板时要按顺序依次安装，严禁野蛮装卸，安装时不要污染罩面板。

②硅酸钙板安装完后，需用布把板面全部擦拭干净，不得有污物及手印等。

③面板安装必须牢固。吊杆、龙骨的安装间距及连接方式应符合设计要求。

GRG 板

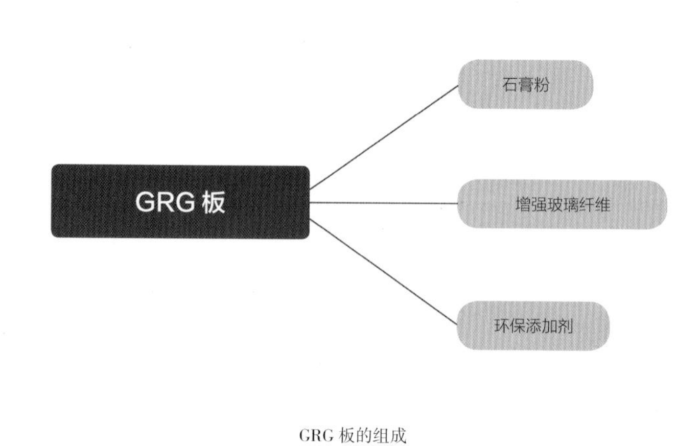

GRG 板的组成

1. 材料特点

物理性能特点：GRG 板的全称为预铸式玻璃纤维加强石膏板，它可制成各种平面板及各种艺术造型，具有无限的可塑性，是目前国际上建筑装饰材料界非常流行的更新换代产品。其壁薄、质轻、强度高，声学效果好，且属于 A 级防火材料（不燃烧），还具有可呼吸的性能，能对室内环境的湿度进行调节，使生活环境更舒适。可装饰顶面和墙面，具有很强的个性化效果。

原料分层特点：GRG 板由石膏板、增强玻璃纤维和环保添加剂等制成，为预铸式一体材料。从施工角度来说，可分为面层和基层两部分。

2. 施工形式

GRG 板的顶面和墙面安装大致相同，都需要先在基层上焊接好钢架。顶面安装时，使用 M8 螺杆将 GRG 板上的预埋件与钢架进行焊接即可；墙面安装时，需用 4# 角铁焊接 GRG 板上的预埋件并与墙面钢架连接。安装完毕后，即可进行补缝和饰面操作。

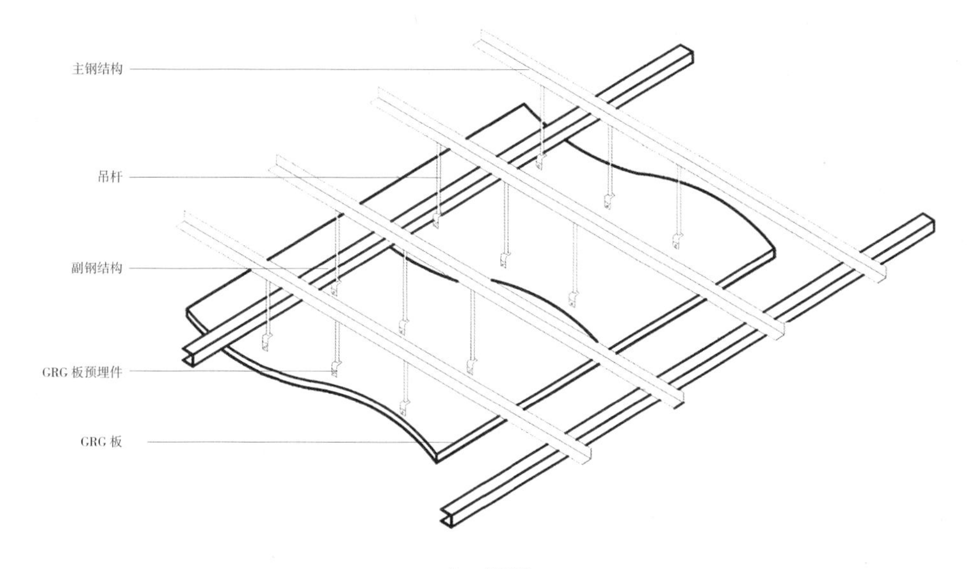

施工分层图

平面异形顶

立体异形顶

小贴士

施工注意事项

①若造型较为复杂，则需分别在墙面和 GRG 板上进行放样，再进行安装。

②直立的骨架应加橡胶垫片 3mm，以防止声音传导，减少震动。

③板材安装表面平整度应＜2mm，平直＜2mm，接缝高低差＜1mm。

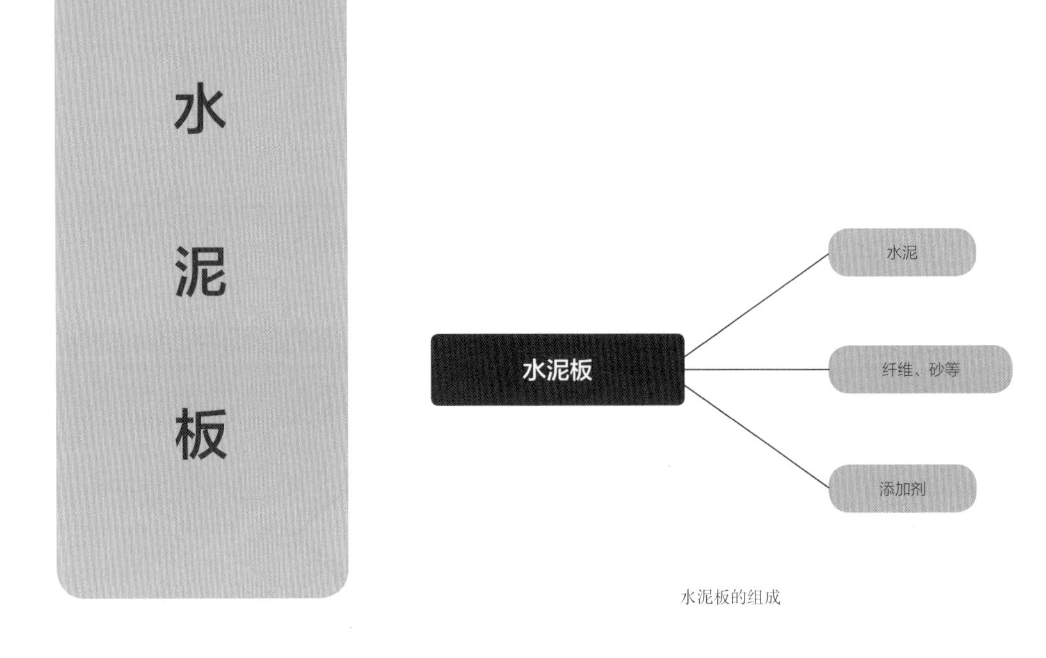

水泥板的组成

1. 材料特点

物理性能特点：水泥板是一种建筑平板，其性能介于石膏板和石材之间，可自由切割、钻孔、雕刻。它绿色环保，完全不含有害物质，效果粗犷、质朴而又时尚，其特殊表面纹路可彰显高价值质感与独特品位，同时还具有水泥经久耐用、强度高等特性，也是一种非燃烧性装饰材料，耐火性极高，并同时可满足防水、防潮要求，是室内装饰工程中最佳的装饰防火阻燃材料。

原料分层特点：水泥板有多个品种，但其主料均为水泥，添加了纤维、砂、添加剂等经制浆、成型、养护等工序制成。从施工角度来说，可分为饰面层和辅助层两部分。

2. 材料分类

水泥板根据添加物的不同可分为木丝水泥板、美岩水泥板、纤维增强水泥板、水泥刨花板和清水混凝土板等类型。

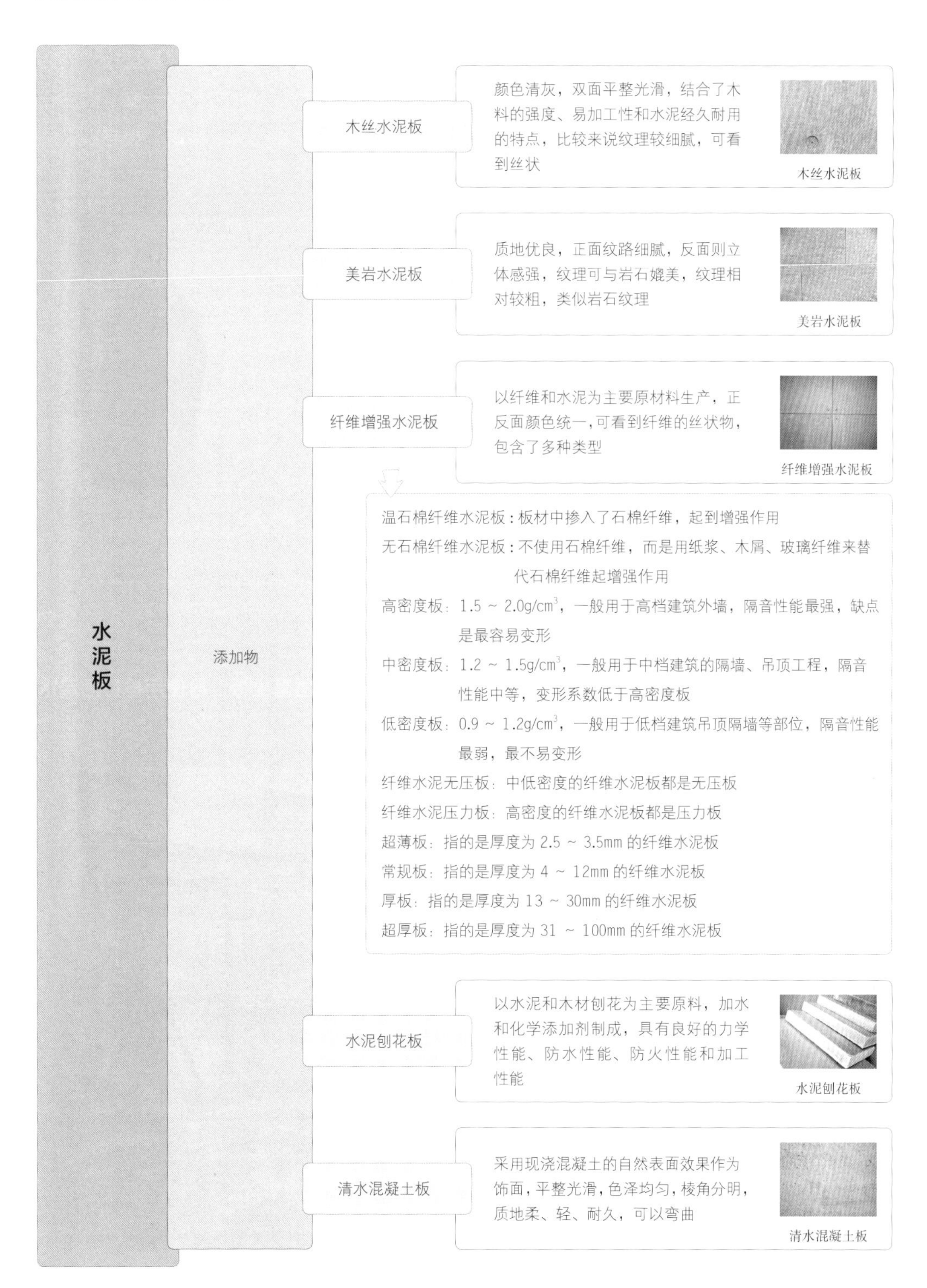

3. 施工形式

水泥板根据施工空间的不同，可分为粘贴法、胶粘加枪钉固定法及干挂法三种形式。

（1）粘贴法

若选择粘贴法进行施工，通常来说，需要在墙面找平处理结束后，先安装一层基层板，而后开始施工。施工前先在墙面划出安装线，贴板时，先在离水泥板边距 1.5cm 处打胶一圈，而后在胶圈内水平与垂直方向，每隔 10 ~ 15cm 以点状打胶。把水泥板粘贴在基层板上，板与板之间可留缝或密拼。适合平整度高的墙面及小范围的施工。

墙面划线

粘贴施工

（2）胶粘加枪钉固定法

此种施工方式需要先在墙面上安装好骨架，而后在陇上安装一层基层板，再使用枪钉固定水泥板，也可以先用胶粘，再打枪钉。适合平整度差的墙面。

水泥板施工完毕后的效果

（3）干挂法

干挂法适合平整度差的墙面及大范围施工。施工时，需在墙面上先做好骨架系统，而后用自攻螺钉等配件将水泥板固定在骨架上。安装完成后，用 300# 砂纸轻磨水泥板，然后用干布除去板材表面污渍，露出板材纹理。刷表面保护剂 2 ~ 3 遍或水性地板蜡 2 遍，若需加深颜色可使用透明 PU 漆。

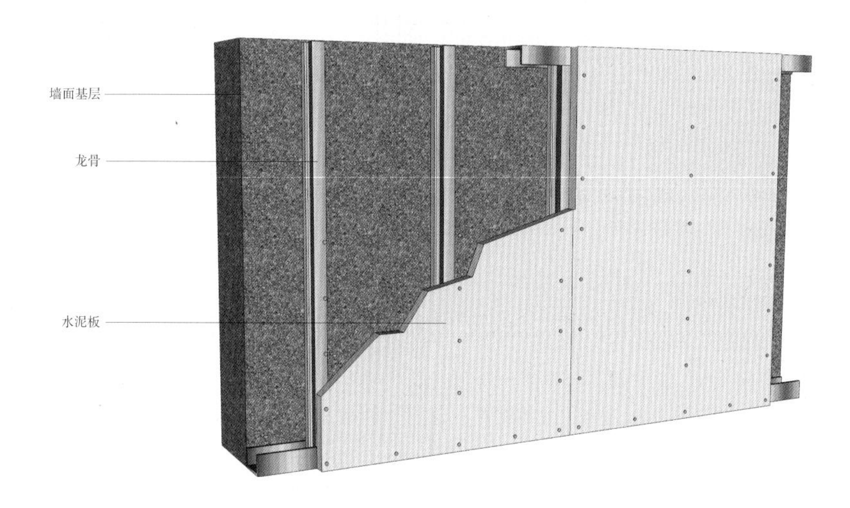

施工分层图

木龙骨骨架平顶吸音棉吊顶

轻钢龙骨骨架平顶吸音棉吊顶

小贴士

施工注意事项

①裁切水泥板时应使用钨钢锯片，切口要求不起毛边。

②在板背面打胶，层面和水泥板的施胶面应没有任何灰尘，否则会影响黏结质量。

③板与板间可留缝 3 ~ 5mm 或密拼，待铺设完毕，以硅胶填缝或留缝不填。

钢丝网架水泥板

钢丝网架水泥板

水泥

聚苯乙烯泡沫塑料、玻璃棉、石棉等

钢丝网架

钢丝网架水泥板的组成

1. 材料特点

物理性能特点：钢丝网架水泥板全称为钢丝网架水泥夹芯复合板，是一种隔墙墙板，可以充分发挥各种复合材料的特性，在提高保温性能和防火性能的基础上，一方面使墙体的厚度减薄；另一方面又使墙体的重量减轻。钢丝直径 2mm 的复合板，一般为非承重板。如果适当选择较粗的钢丝做网架，还可作为承重墙板。

原料分层特点：钢丝网架水泥板是用水泥砂浆作为面层和钢丝网架为结构层，以聚苯乙烯泡沫塑料、玻璃棉、石棉、珍珠岩等为夹芯填料的一种轻质墙体材料。总体可分为面层和夹芯层两部分。

2. 材料分类

钢丝网架水泥板根据夹芯材料的不同，可分为钢丝网架水泥泡沫塑料夹芯复合板、钢丝网架水泥岩棉夹芯复合板、钢丝网架水泥玻璃棉夹芯复合板和钢丝网架水泥珍珠岩夹芯复合板四种。

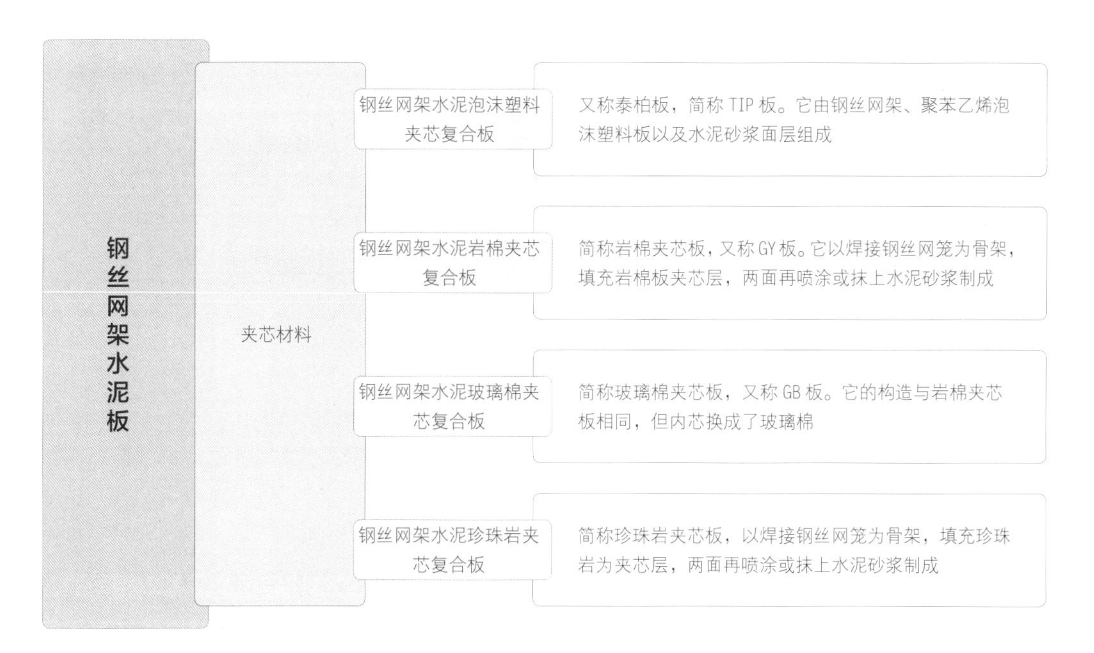

3. 施工形式

钢丝网架水泥板隔墙的施工步骤为：放线→配钢丝网架夹芯板及配套件→安装钢丝网架夹芯板→检查校正补强→抹一侧底灰→抹另一侧底灰→中层灰、罩面灰→饰面层施工。

板材安装时必须使用配套的连接件来固定，板与板的拼缝用配套的 U 形箍码连接，再用铅丝绑扎牢固，外用连接网或“之”字条覆盖，阴阳角和门窗洞口则须采取加强措施。

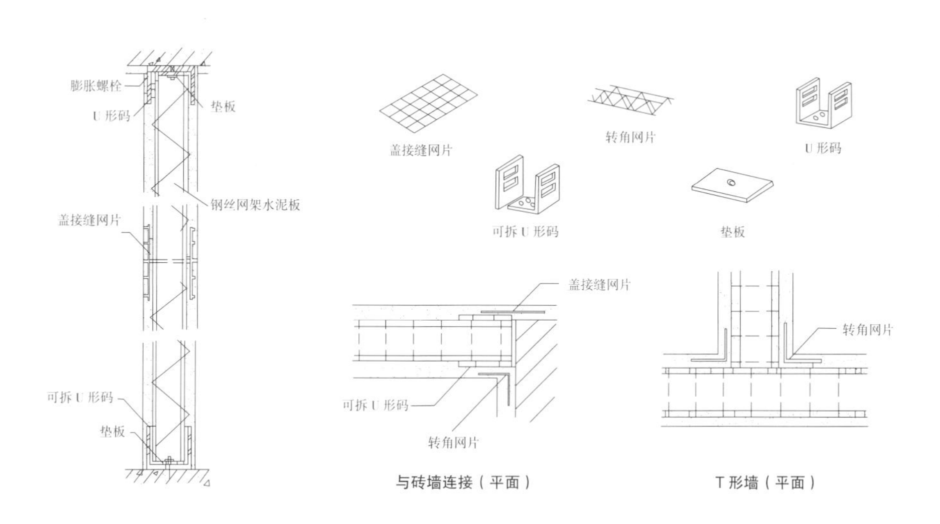

施工分层图

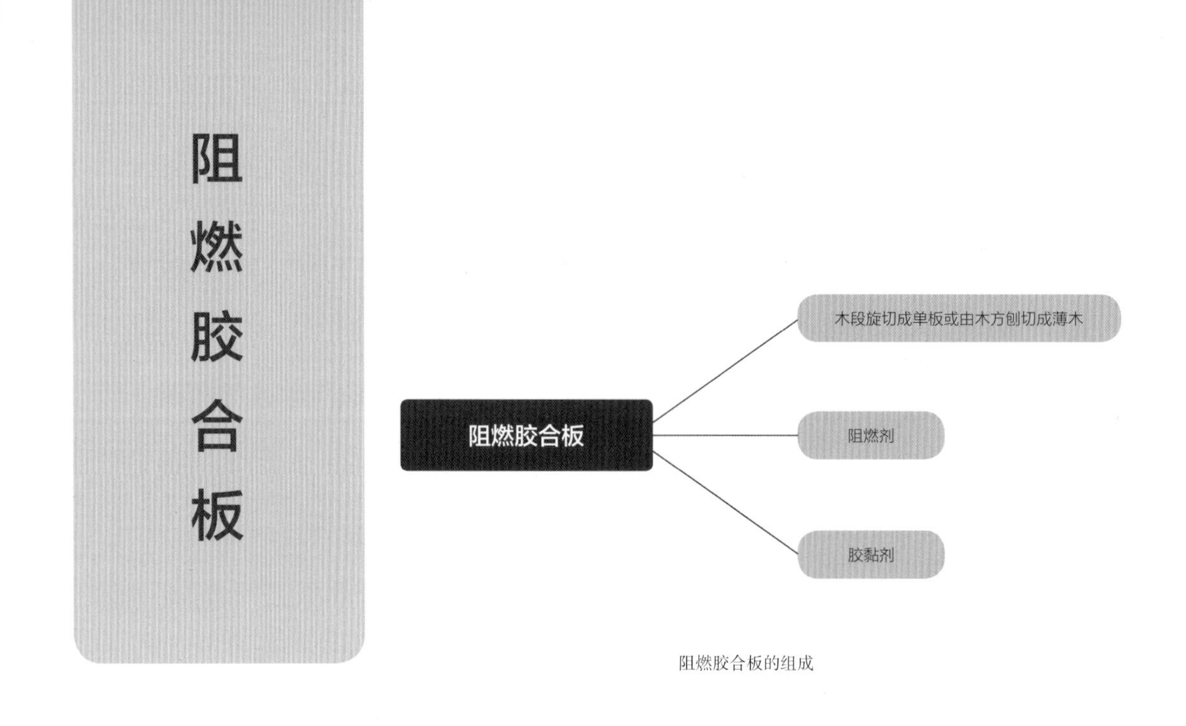

阻燃胶合板的组成

1. 材料特点

物理性能特点：阻燃胶合板与室内装修工程中常用的普通胶合板的结构和组成是基本相同的，只是生产时充分考虑了火灾危险的烟雾密度和毒性气体指标，加入了阻燃成分，使它具有了优异的阻燃性能，且自身安全环保，燃烧剩余物无毒、无污染。同时还具有吸湿性小、防潮性能卓越，化学稳定性及耐老化性优良，握螺钉力优良，不腐蚀金属连接件等优点。

原料分层特点：阻燃胶合板是由木段旋切成单板或由木方刨切成薄木，对单板进行阻燃处理后再用胶黏剂胶合而成的三层或多层的板状材料，通常用奇数层单板，并使相邻层单板的纤维方向互相垂直胶合而成。以装饰单板贴面阻燃胶合板来分析，可分为基层和饰面层两部分。

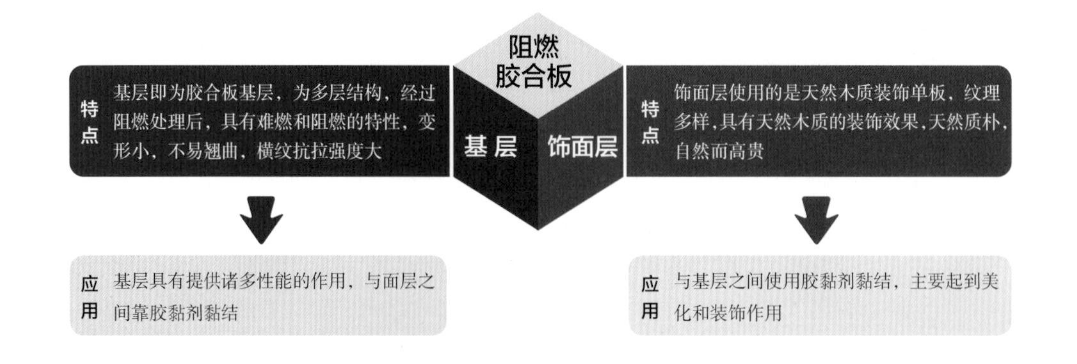

2. 材料分类

阻燃胶合板根据面层效果不同，可分为装饰单板贴面阻燃胶合板和无贴面阻燃胶合板两种类型。

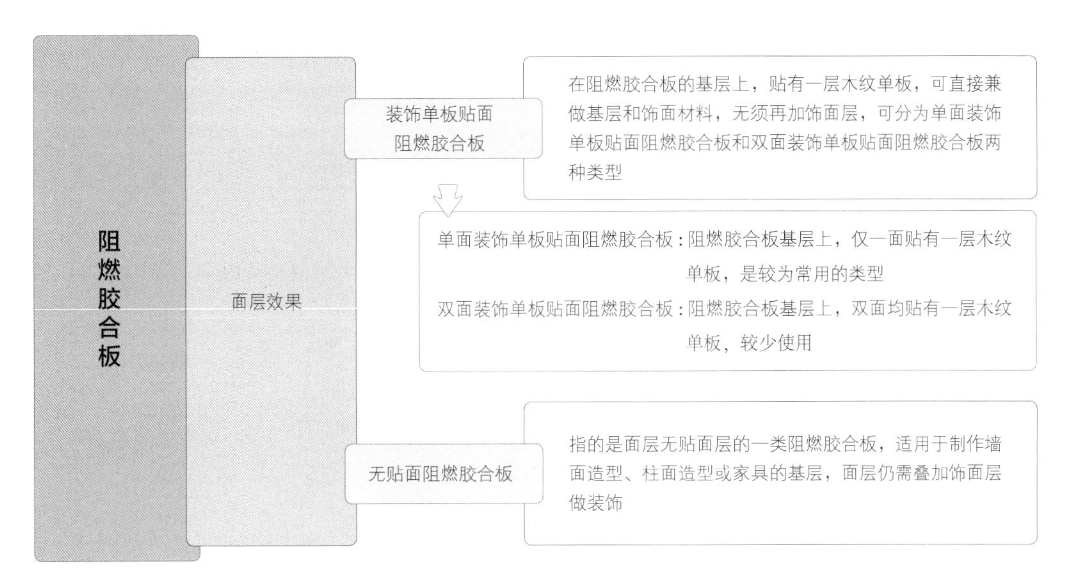

3. 施工形式

阻燃胶合板可用于墙面或家具基层结构的制作。制作墙面结构时，通常需先用木龙骨打底后再固定阻燃胶合板，龙骨与墙面之间有两种固定方式：一种是根据需要的间距先在墙面预埋木楔，而后用钉子固定龙骨，木楔需做好防腐处理；另一种是直接用枪钉将龙骨固定在墙面上。阻燃胶合板与龙骨之间靠枪钉即可连接，根据阻燃胶合板有无饰面，在固定完成后，面层可直接涂刷或叠加饰面板。

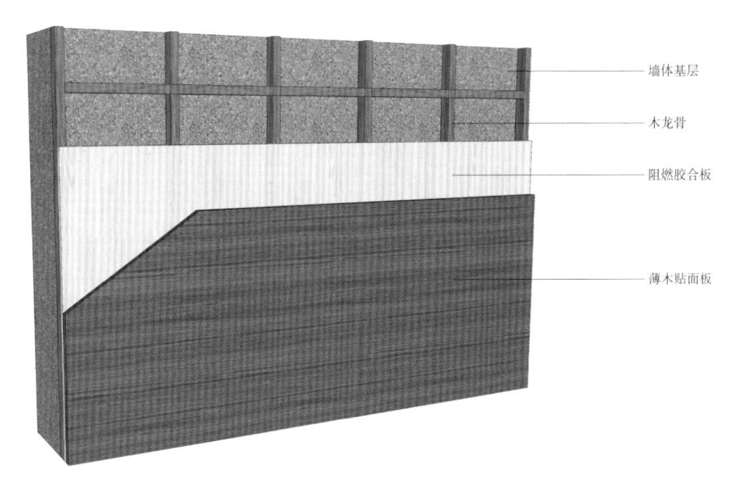

施工分层图

阻燃密度板

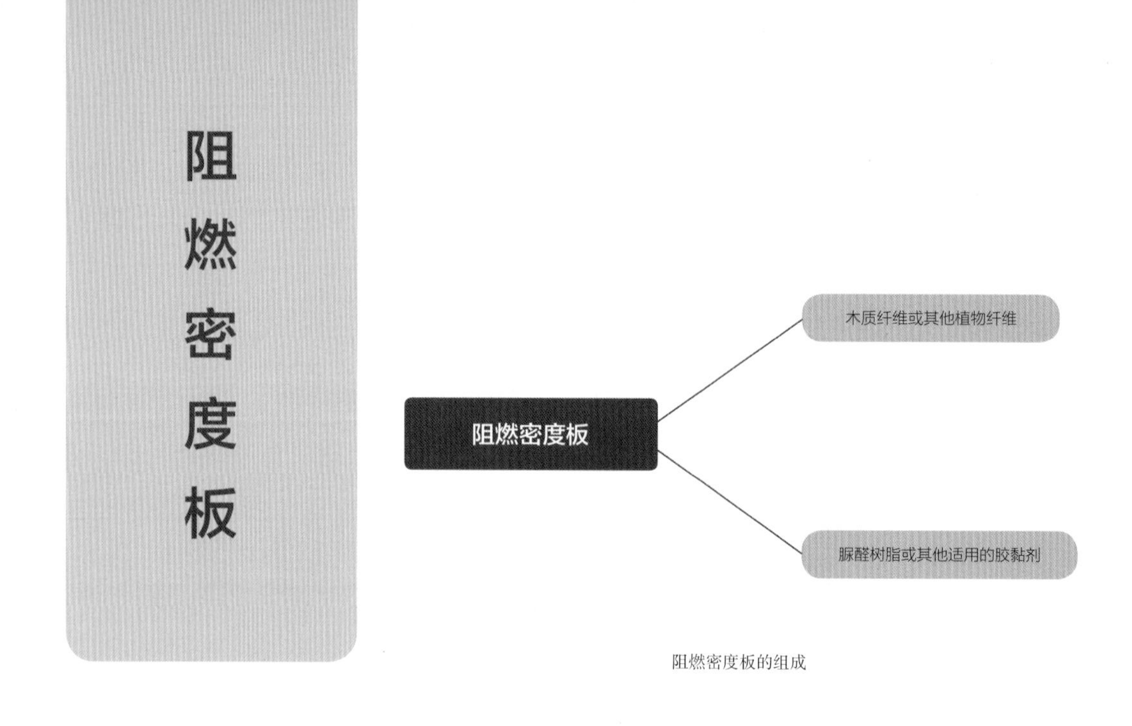

阻燃密度板的组成

1. 材料特点

物理性能特点：阻燃密度板与室内装修工程中常用的密度板的结构和组成是基本相同的，只是生产时加入了阻燃成分，使其具有了优异的阻燃性能，且燃烧剩余物无毒、无污染。同时，它还具有良好的力学性能和加工性能，且内部结构均匀，密度适中，尺寸稳定性好，变形小。表面平整光滑，可粘贴旋切单板、刨切薄木、油漆纸、浸渍纸，也可直接进行油漆装饰。

原料分层特点：阻燃密度板是以木质纤维或其他植物纤维为原料，施加脲醛树脂或其他适用的胶黏剂。在喷胶段，如同施胶一样，将阻燃剂添加到生产线中制成密度为 500 ~ 880kg/m^3 的一体式板材。从施工角度来说，可分为基层和饰面层两部分。

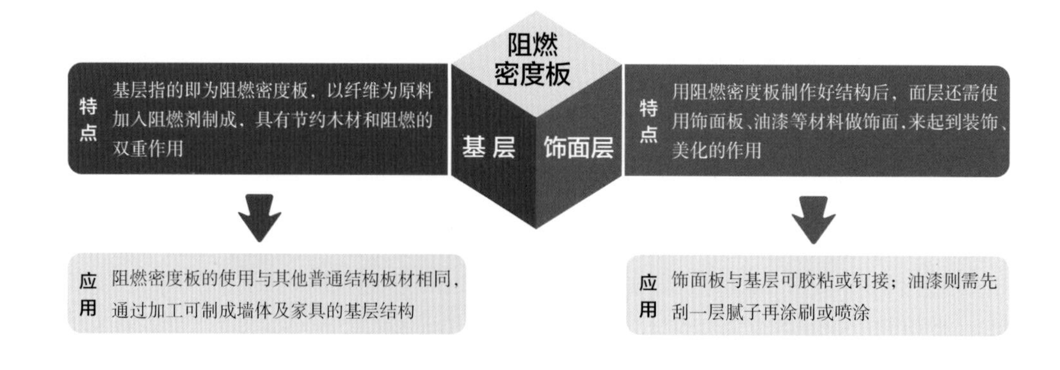

2. 施工形式

阻燃密度板虽然可制作家具，但更多用来制作墙面造型的基层，其施工方式与阻燃胶合板的墙面造型是基本相同的，同样需先固定龙骨，而后钉接阻燃密度板。板材安装完成后，表面可直接涂饰，也可粘贴或钉接其他类型的饰面。

施工分层图

墙面造型通常需先制作木龙骨基层

如有大面积的固定柜子，也可用阻燃密度板制作

小贴士

施工注意事项

①阻燃密度板施工时，需处理好封边，否则容易因为吸收空气中的潮气而引起变形。

②阻燃密度板对油漆的吸收力很强，如果要直接在板面上进行涂饰，一定要做好处理，先刮腻子，而后涂刷底漆 2 ~ 3 遍，每一遍都要打磨至光滑，最后再罩面漆，施工更建议喷涂。

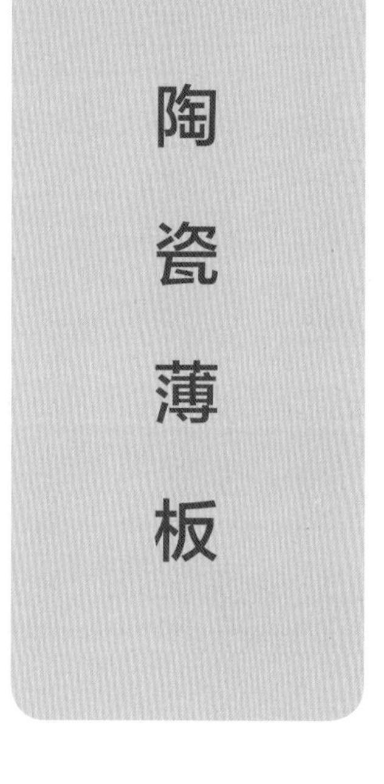

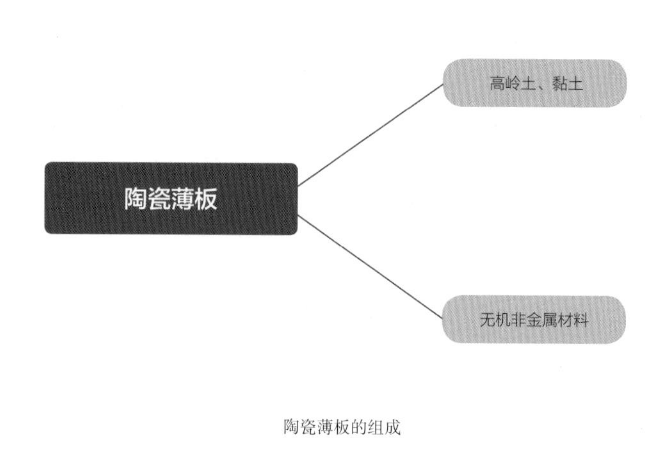

陶瓷薄板的组成

1. 材料特点

物理性能特点：陶瓷薄板简称为薄瓷板，其材料为纯天然无机成分，达到了 A1 级防火要求。装饰性好，可实现天然石材等材料 95% 的仿真度，质感好、色泽丰富，不掉色、不变形；既秉承无机材料的优势性能，又摒弃石材、水泥制板、金属板等传统无机材料厚重、高碳的弊端。可用于室内地面、室内外墙面等部位的装饰。

原料分层特点：陶瓷薄板是一种由高岭土、黏土和其他无机非金属材料，经成型、1200℃高温煅烧等生产工艺制成的一体式板状陶瓷制品。从施工角度来说，可分为饰面层和连接层两部分。

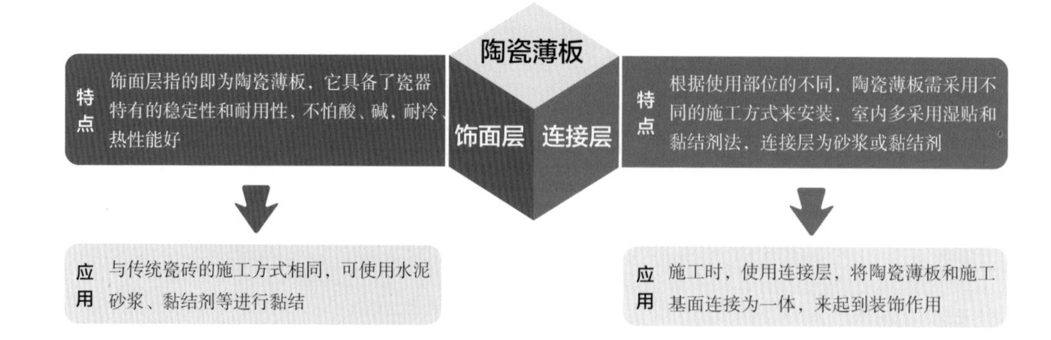

2. 材料分类

陶瓷薄板根据铺贴效果可分为装饰类和艺术类两种类型；根据面层纹理可分为仿大理石板、仿花岗岩板、仿木纹石板、仿布纹板、仿木纹板、仿壁纸纹板等类型。

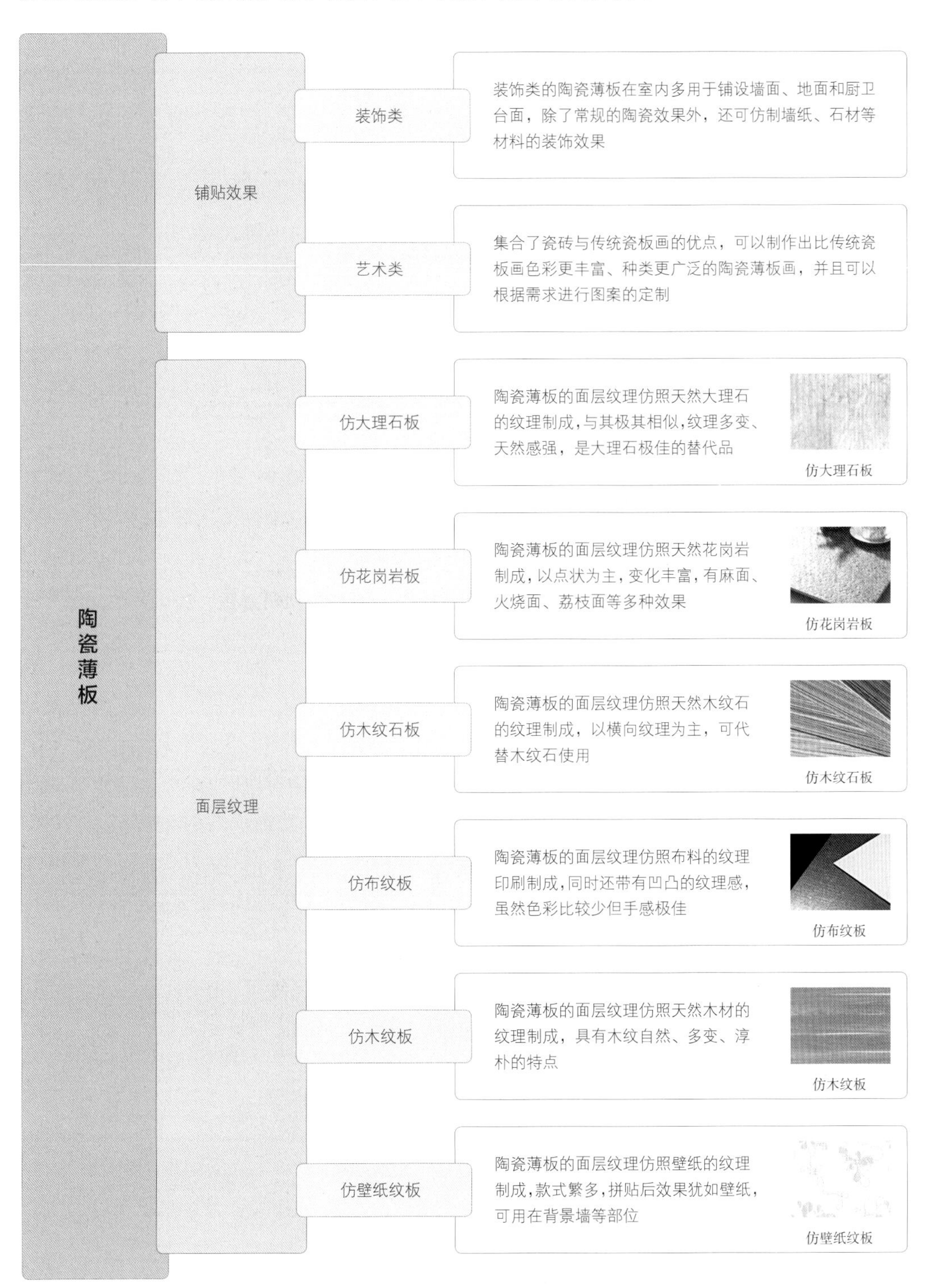

3. 施工形式

陶瓷薄板在室内施工，可使用湿挂法、湿贴法和薄法施工三种施工形式。

（1）湿挂法

湿挂是指同时使用挂件和黏结砂浆或胶黏剂固定陶瓷薄板的施工方式。适合超高墙面的大面积施工，比单独使用胶黏剂更安全、更牢固。

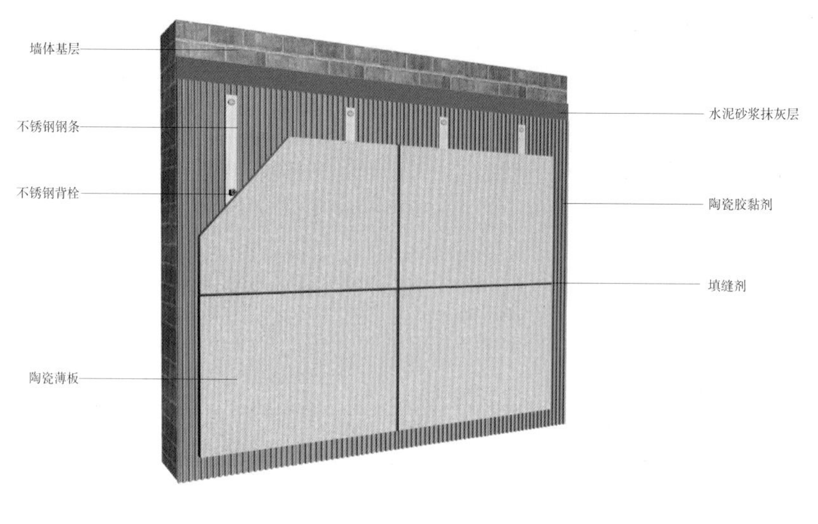

施工分层图

（2）湿贴法

此种施工方式适合用于地面施工，是指陶瓷薄板与基层地面之间采用砂浆进行黏结的一种方式，与普通瓷砖的湿贴法操作相同。其施工工艺流程为：基层处理→弹线分格→材料制备→薄板粘贴面清理→黏结剂施工→面材背涂→面材铺贴→平整度调整→表面清洁及保护。

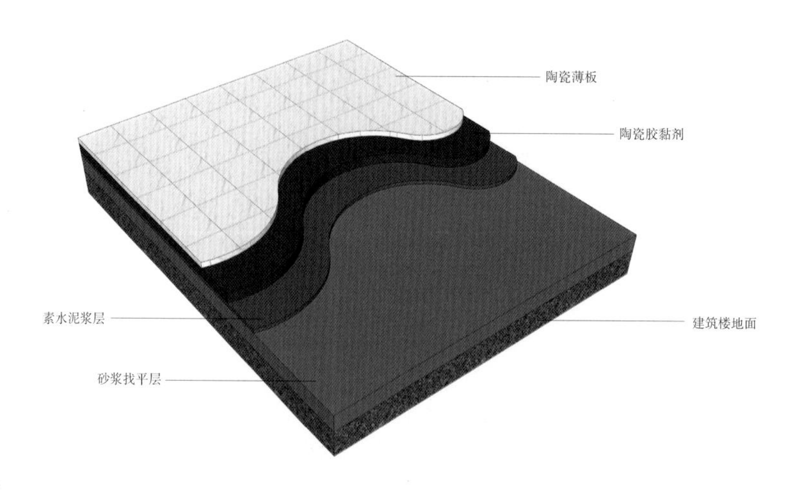

施工分层图

（3）薄法施工

按现行《建筑陶瓷薄板应用技术规程》的定义，薄法施工也被称为镘刀法，即用锯齿镘刀将胶黏剂均匀地刮抹在施工基层上，然后将薄瓷板以揉压的方式压入胶黏剂中，形成厚度仅为 3 ~ 6mm 的强力黏结层的施工方法，墙、地面均适用。整个安装系统厚度仅为 10mm 左右，可大大拓宽建筑空间，提高建筑物的空间利用率。

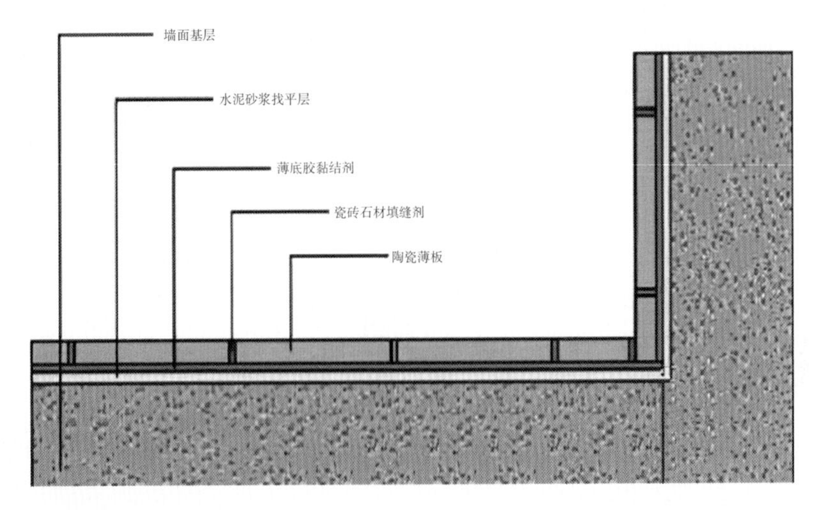

施工分层图

镘刀法涂抹胶黏剂

橱柜面层使用陶瓷薄板做装饰

小贴士

施工注意事项

①在铺贴陶瓷薄砖之前，应将基底处理坚实、平整、洁净，不得有裂缝、明水、空鼓等缺陷。

②施工过程中如采用水泥基胶黏剂粘贴陶瓷薄砖时，应采用齿形镘刀均匀梳理胶黏剂，齿形应饱满、清晰，胶黏剂厚度宜为 1.0 ~ 1.5mm，并借助橡胶槌等轻敲，多余的胶黏剂应立即清除。

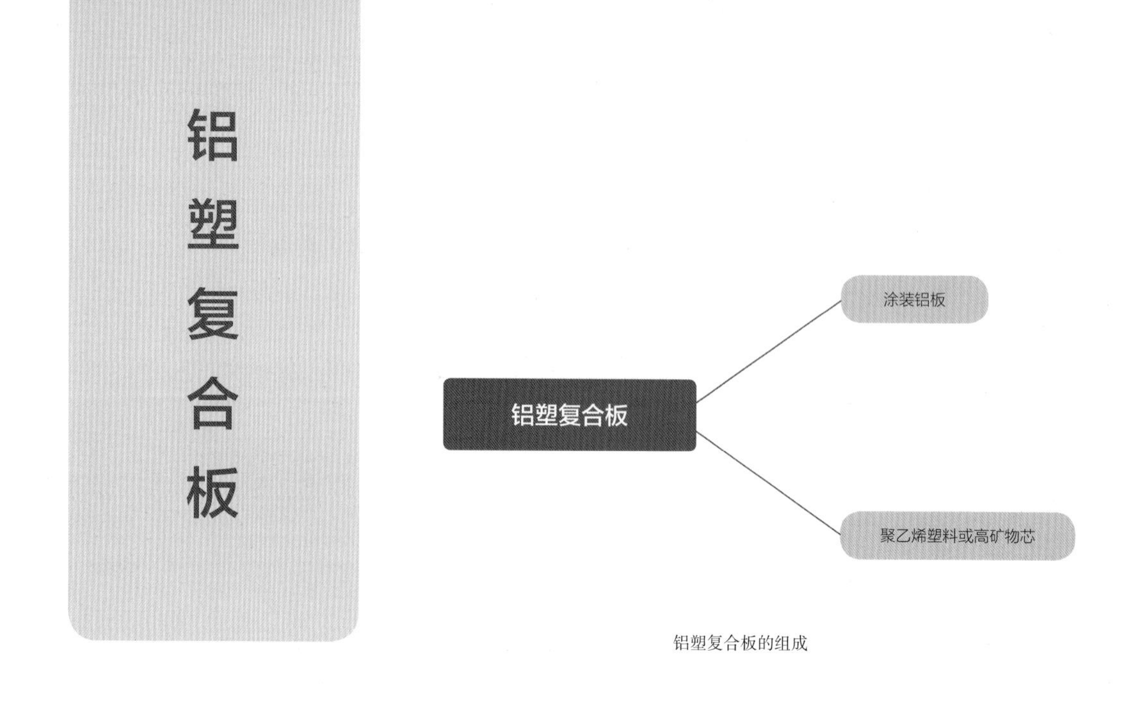

铝塑复合板的组成

1. 材料特点

物理性能特点：铝塑复合板也叫作铝塑板，采用新工艺制作，其平整度、耐候性等方面的性能都有所提高。它是一种安全防火材料，重量极轻，施工性能优越，只需简单的木工工具即可完成切割、裁剪、刨边、弯曲成弧形、直角的各种造型，且安装简便、快捷。耐冲击性强、韧性高、弯曲不损面漆，抗冲击力强。用途广泛，室内多用来装饰墙面、柱面、顶面等部位。

原料分层特点：铝塑复合板为复合结构，面层为涂装的铝板，内芯为聚乙烯塑料等材料。它由性质截然不同的两种材料组成，既保留了原组成材料的主要特性，又克服了原组成材料的不足，进而获得了众多优异的性能。

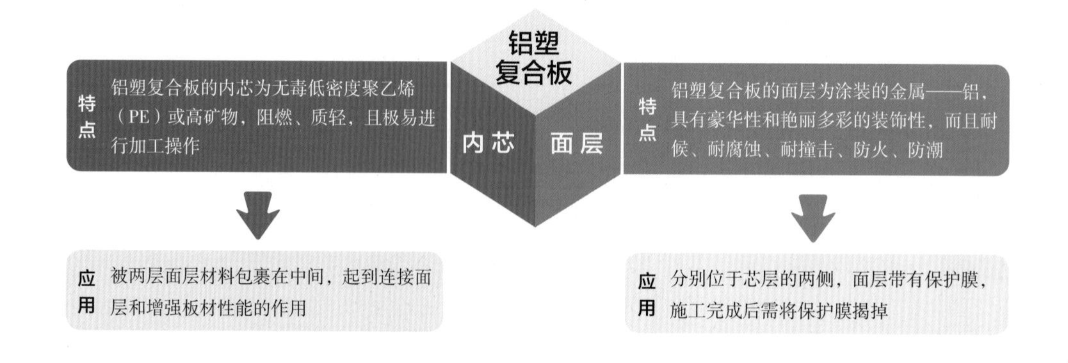

2. 材料分类

铝塑复合板按照表面的装饰效果可分为涂层装饰铝塑板、氧化着色铝塑板、贴膜装饰复合板、彩色印花铝塑板及拉丝铝塑板等类多种型。

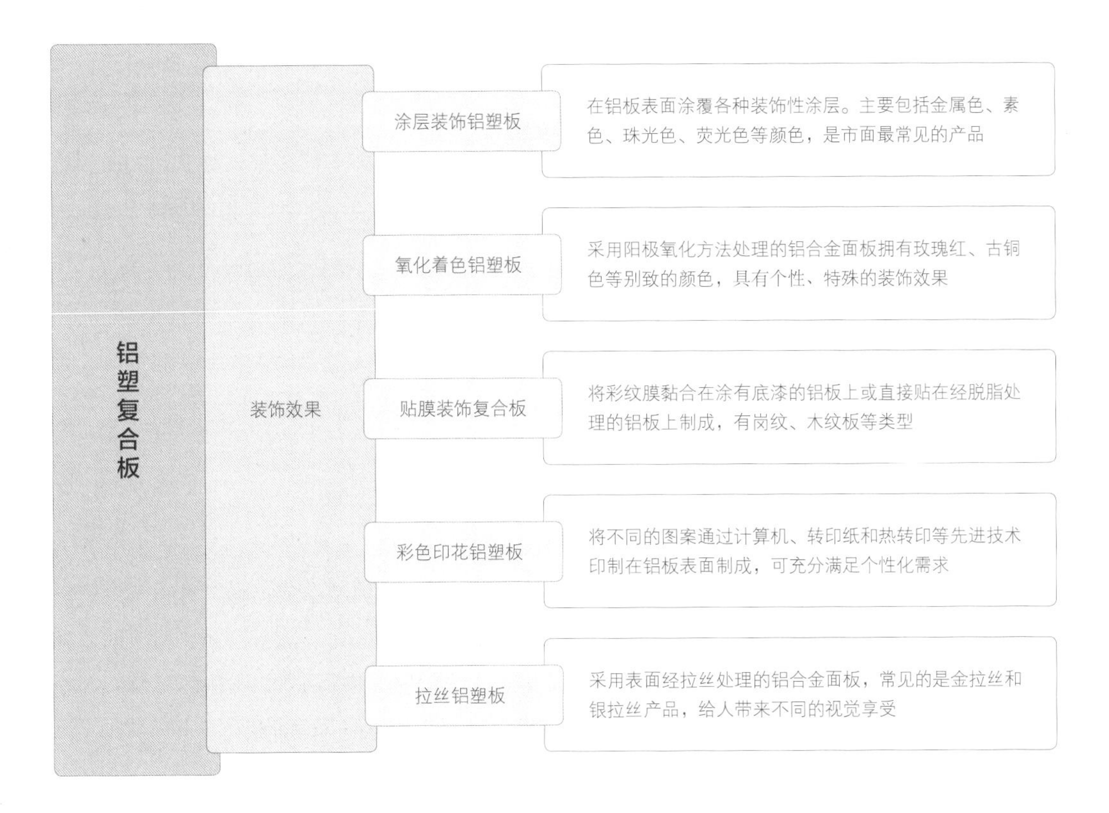

3. 施工形式

铝塑复合板室内施工多采用在木质基层上粘贴的方式。具体施工步骤为：安装龙骨→安装基层板→使用万能胶把铝塑复合板粘贴在基层板上→解封处打玻璃胶→揭掉保护膜→完成。

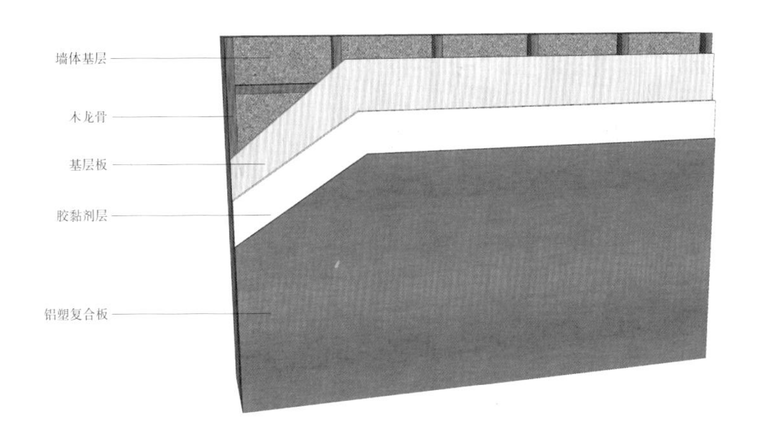

施工分层图

木饰面树脂板

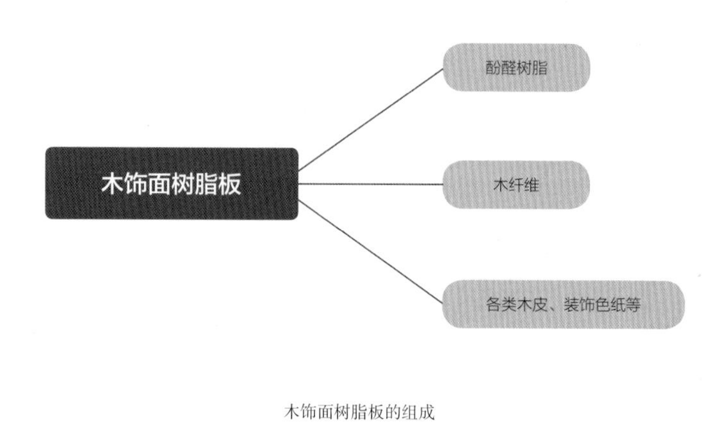

木饰面树脂板的组成

1. 材料特点

物理性能特点：木饰面树脂板又名高压装饰板，全称为热固性树脂浸渍纸高压装饰层积板，简称为 HPL，是一种人造装饰板。它最大的优点是克服了天然木材的不稳定性和耐候性不佳等缺点，节约了木材资源，极大地丰富了木材在室内建筑装饰的使用范围。同时，还具有防潮、耐候性和防火性能，在火中不会熔化、滴落、爆炸，能长时间保持稳定，属于 B1 级防火材料。

原料分层特点：木饰面树脂板以酚醛树脂与木纤维合成为基材，表面为各类木皮或装饰色纸，是一种复合结构的板材。

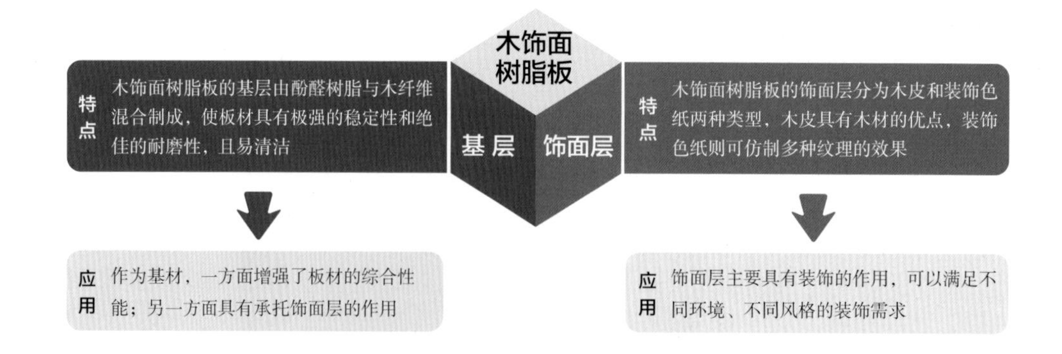

2. 材料分类

木饰面树脂板根据表面用材的不同可分为装饰色纸树脂板和木饰面树脂板两种。

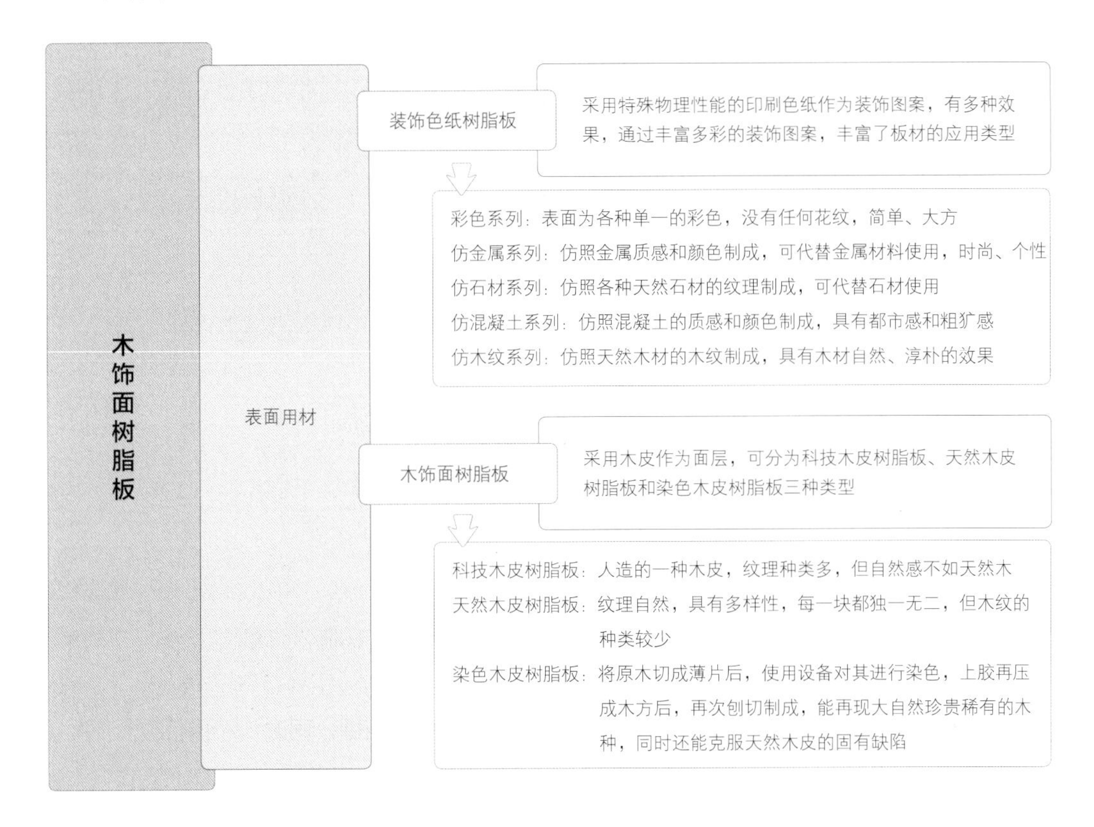

3. 施工形式

室内使用的木饰面树脂板厚度较薄，通常需要粘贴在如细木工板、中纤板、高密度板、刨花板等类型的基层板之上。基层施工完毕后，将板材进行切割，而后粘贴在基层板之上，先贴垂直封边，再贴水平面，背胶和喷涂或刷涂。粘贴完成后，需要用滚轮均匀地压一遍以去除空气，而后进行修边和清洁即可。

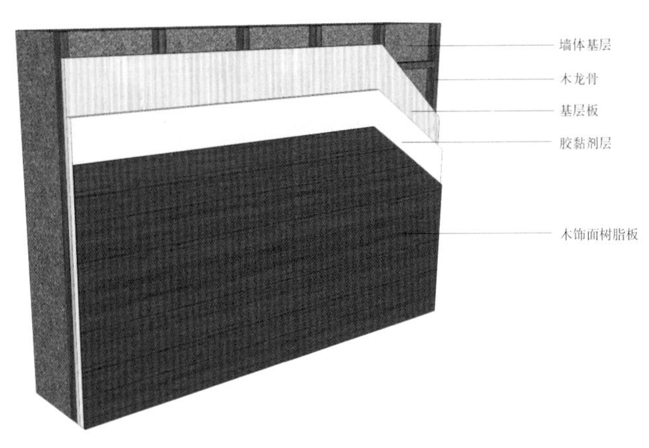

施工分层图

石膏空心条板

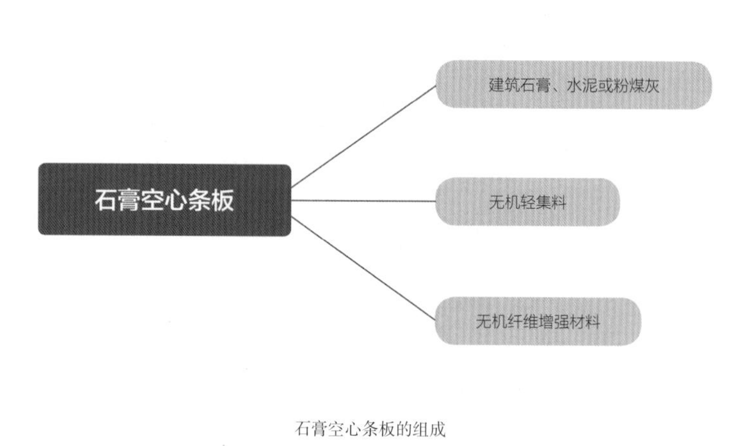

石膏空心条板的组成

1. 材料特点

物理性能特点：石膏空心条板属于石膏板类目，是一种轻质板材，主要用于建筑的非承重内墙，其特点是无须龙骨。与传统的黏土砖相比，石膏空心条板隔墙，单位面积内的质量更轻，可有效减轻建筑荷载和自重。其本身还具有质量轻、强度高、隔热、隔声、防水等性能，可锯、可刨、可钻，施工简便等特点。主要用于建筑内隔墙的施工，墙面可做涂料、贴瓷砖、贴壁纸等各种饰面。

原料分层特点：石膏空心条板是以建筑石膏为主要材料，掺加适量水泥或粉煤灰，同时加入少量增强纤维（如玻璃纤维、纸筋等），也可以加入适量的膨胀珍珠岩及其他掺加料，经料浆拌和、浇注成型、抽芯、干燥等工序制成。从施工角度来说，可分为主体和黏结层两部分。

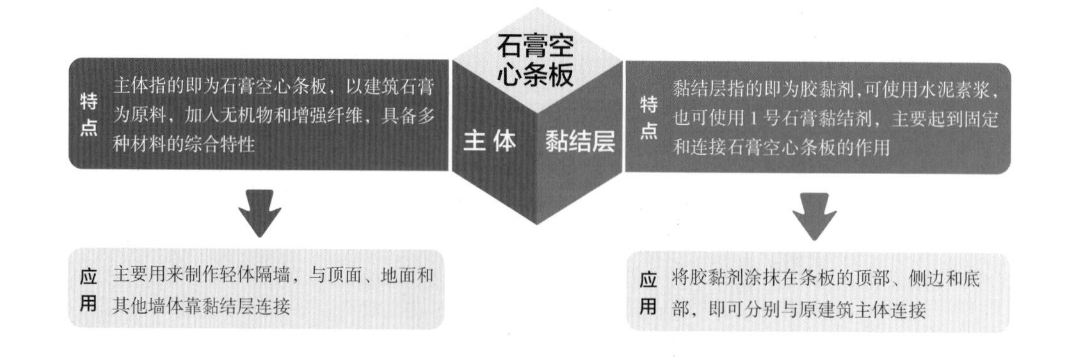

2. 施工形式

先沿隔墙位置边线设置墙板定位临时木方，上下方木之间每隔 1.5m 左右立支撑方木。在板的顶面和侧面涂抹一层 3mm 厚的胶黏剂（水泥素浆），然后将板立于预定位置，使板顶与上部结构底面粘紧，板的一侧与主体结构或已安装好的另一块墙板粘紧，并在板下 1/3 处用木楔楔紧。在板下填塞 1 ：2 的水泥砂浆或细石混凝土。待砂浆或细石混凝土凝固具有一定强度后，将木楔撤除，再用 1 ：2 的水泥砂浆或细石混凝土堵严木楔孔。墙底缝隙塞混凝土。而后即可开始嵌缝，一般采用不留明缝的做法。缝隙干燥后，即可进行饰面处理。

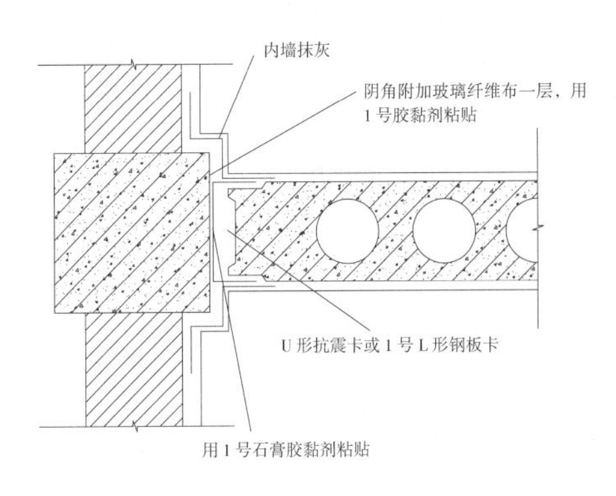

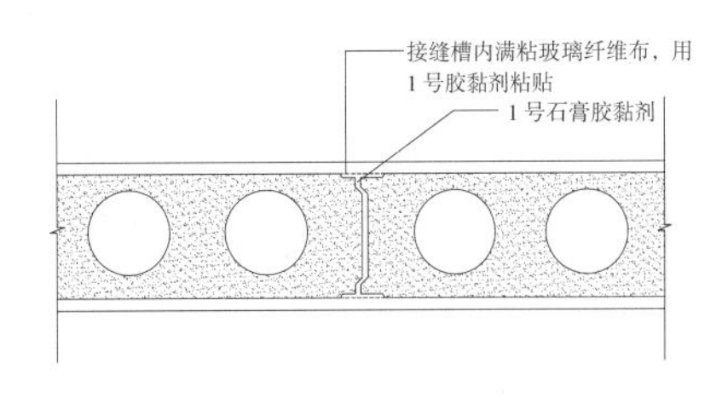

施工分层图

板条与板条的连接施工

嵌缝施工

小贴士

施工注意事项

①施工前，检查墙体是否平整牢固，并将楼地面凿毛，而后清扫干净，浇水润湿。

②有门洞时，从门洞口处向两侧依次安装条板；无门洞时，从一端向另一端顺序安装。

③板与板拼接时要以挤出砂浆为宜，缝宽不得大于 5mm。

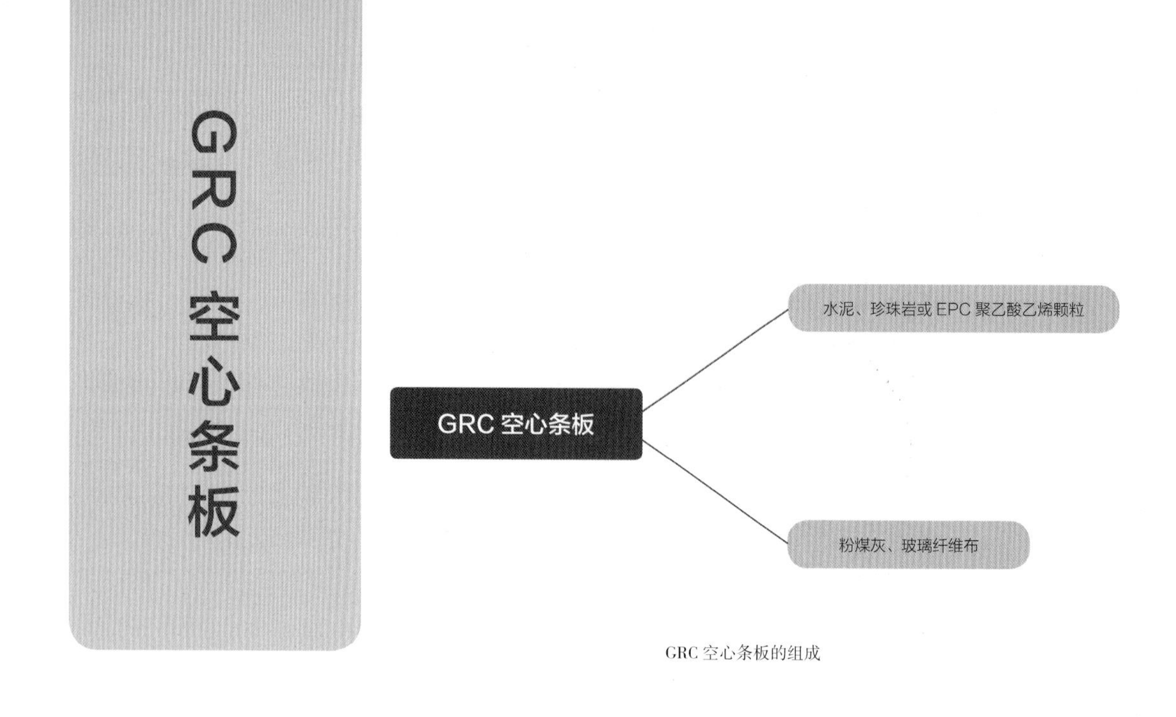

GRC 空心条板的组成

1. 材料特点

物理性能特点：GRC 空心条板的全称为玻璃纤维增强水泥空心条板，与石膏空心条板的作用是相同的，都属于制作轻间隔墙体的一类材料。相对于传统的红砖等墙体材料来说，GRC 空心条板有节约能源、提高围护结构保温隔热效果等功能性。同时，还具有高强度、质量轻、耐高温、防水、防潮、不渗透、隔音效果好、不燃等优点。

原料分层特点：GRC 空心条板是用水泥、珍珠岩或 EPC 聚乙酸乙烯颗粒、粉煤灰、玻璃纤维布等轻质材料，一次性成型制成的内部为空心的一种轻质节能板材。从施工角度来说，可分为主体和黏结层两部分。

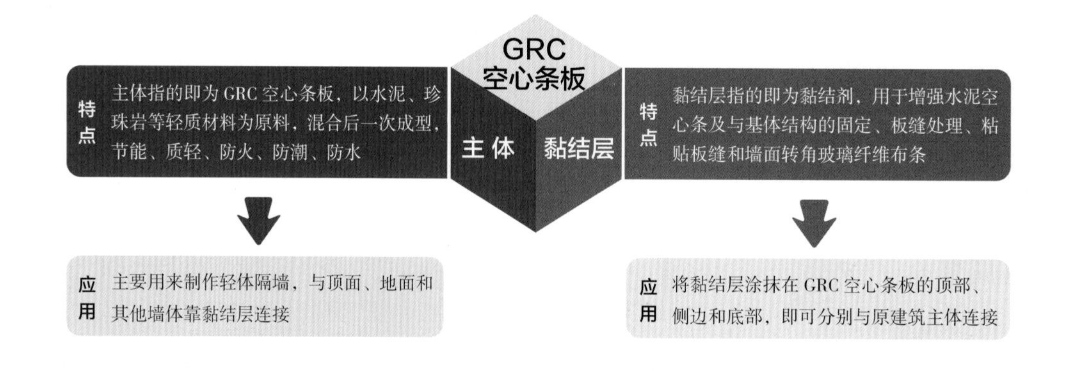

2. 施工形式

GRC 空心条板的施工步骤为：结构基层的清理和找平→放线、分档→配板→安装 U 形抗震卡（有抗震要求时）→配制胶黏剂→安装条板→缝隙处理→饰面层施工。其大体的施工步骤和施工方式都与石膏空心条板相似。条板的长度应按楼层结构净高尺寸减 20mm 计算，当条板的宽度与隔墙地长度不相适应时，应将部分隔墙板预先拼接加宽（或锯窄）成合适的宽度，放置在阴角处，有缺陷的地板应修补。

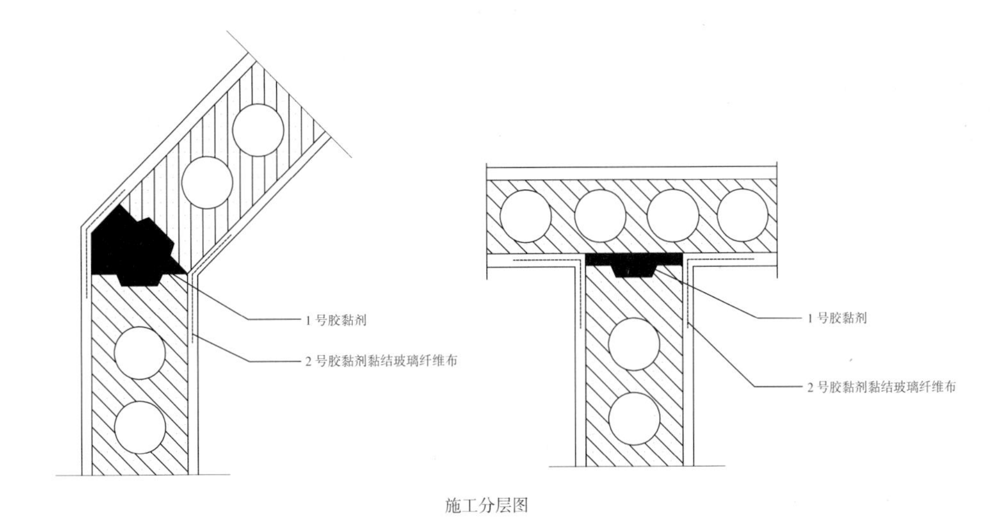

施工分层图

条板连接施工完成

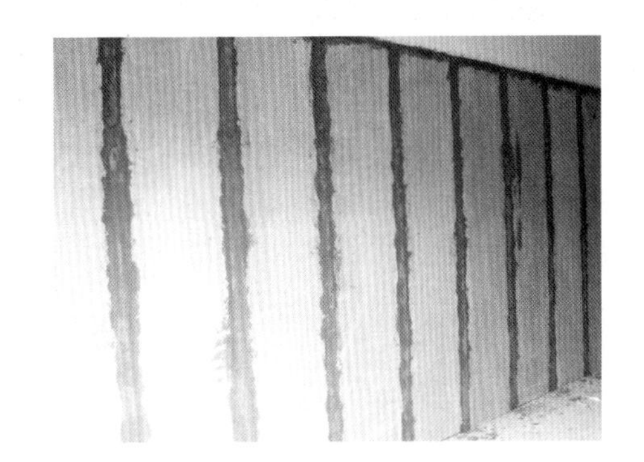
嵌缝施工

小贴士

施工注意事项

①施工前，清理 GRC 空心条板与顶面、地面、墙面的结合部，凡凸出墙面的砂浆、混凝土块等必须剔除并扫净，结合部位应尽力找平。

② GRC 空心条板安装顺序应从与墙的结合处开始，依次顺序安装。

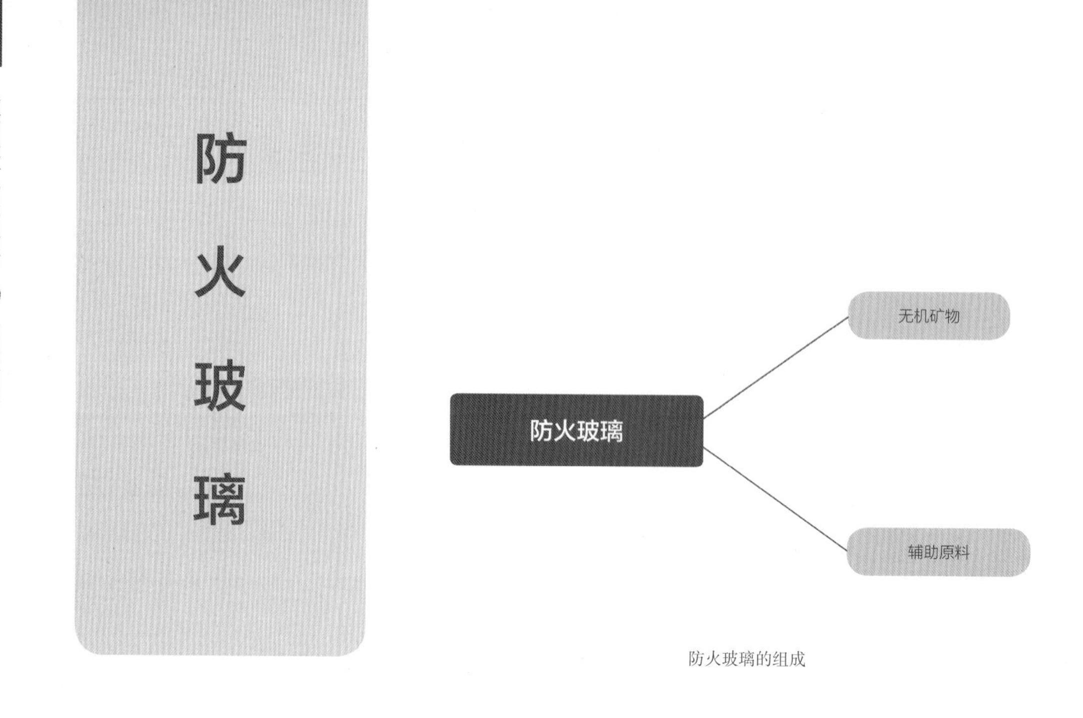

防火玻璃的组成

1. 材料特点

物理性能特点：普通玻璃的耐火性能很差，发生火灾时遇高温烘烤很快就会破裂、掉落甚至软化、流淌，不但起不到阻挡烟火的作用，还可能造成人员伤害、影响灭火扑救效率；而防火玻璃是经过特殊的工艺加工和处理过的玻璃，具有良好的耐火性能，属于一种特种玻璃，发生火灾时能坚持长时间不丧失阻挡火焰和烟雾、隔绝高温的作用。

原料分层特点：防火玻璃的原片为普通平板玻璃，一般是用多种无机矿物（如石英砂、硼砂、硼酸、重晶石、碳酸钡、石灰石、长石、纯碱等）为主要原料，另外加入少量辅助原料制成的。从施工角度来说，可分为主体和辅助两部分。

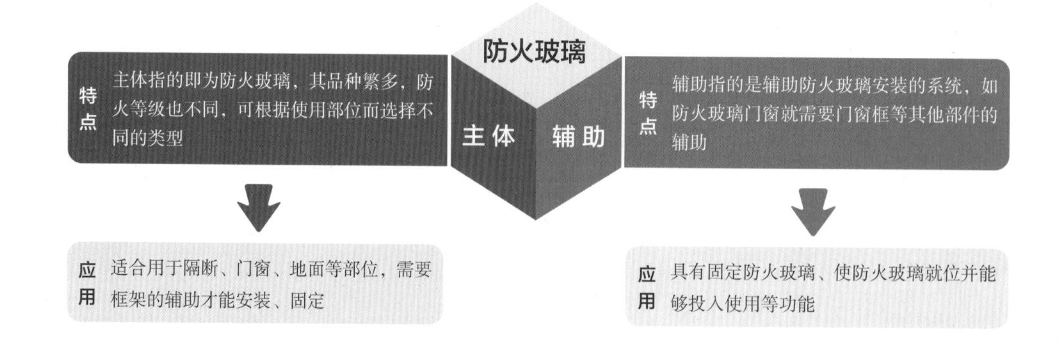

2. 材料分类

防火玻璃按结构形式可划分为复合防火玻璃、单片防火玻璃、硼硅酸盐防火玻璃、微晶防火玻璃、中空防火玻璃等多种类型。

3. 施工形式

防火玻璃在室内的用途较为广泛，较常用在隔断、门窗或地面等部位。

（1）隔断施工

当室内有较大面积的玻璃隔断时，出于防火考虑即可选择防火玻璃来制作。但防火隔断属于一个整体性的系统，因此隔断结构与材料必须均具有耐火性，以充分保证整个系统的耐火性。

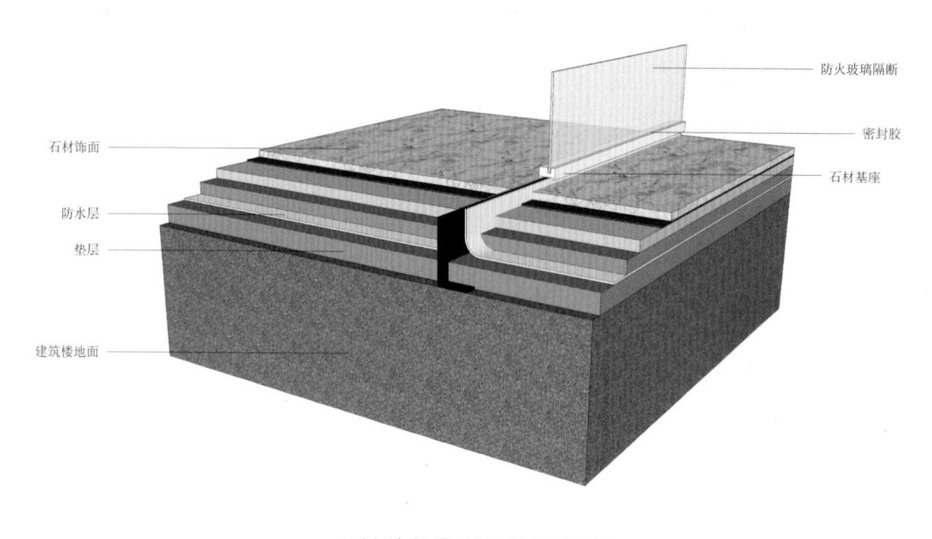

卫生间玻璃隔断地面固定施工分层图

（2）门窗施工

防火门窗可以为建筑实现有效的防火分隔，具有重要的作用。当室内有大面积的玻璃门时，即可选择透明度高一些的防火玻璃来制作，同时配以防火窗，即可起到较好的阻隔火势的作用。

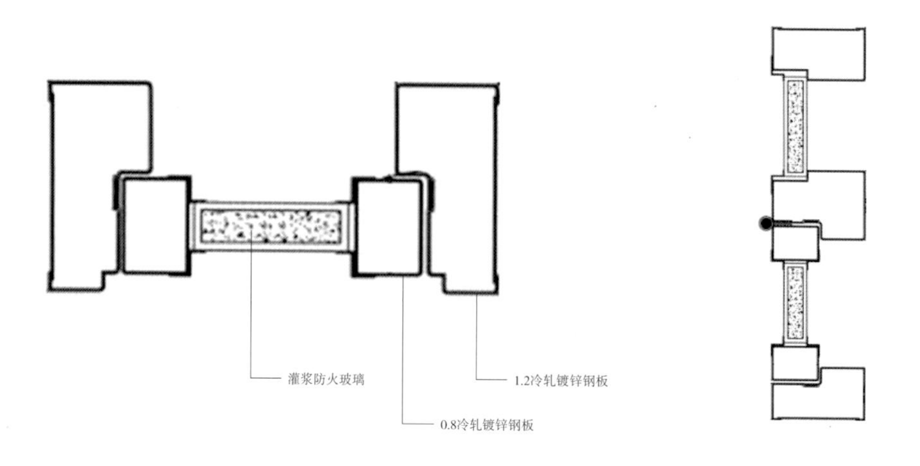

防火玻璃窗施工分层图

（3）地面施工

近年来，LOFT 等小型双层式户型越来越受到人们的青睐，但因为层高或户型等原因，一层的采光有时会受到限制。此时，出于采光、安全和防火等多方面因素的考虑，即可使用防火玻璃来取代部分实体地面，透明地板的使用不仅可以满足防火功能的需要， 同时也满足耐压、 透光等相关功能。

框支撑 + 吊挂固定防火玻璃地面

框支撑式防火玻璃地面

钢框支撑式防火玻璃地面

小贴士

施工注意事项

防火玻璃组件系统是建筑防火系统中的一部分，可充分满足大面积的透光性和防火性能的需要。需注意的是，对于那些有特殊要求的带拐角、异形、门窗等防火玻璃组件系统，为保证整个系统的防火稳定性，框架组合件及配件应与防火玻璃的耐火性或隔热性相统一。

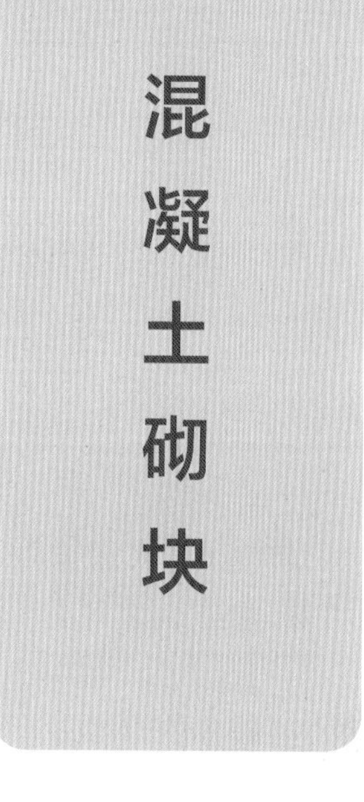

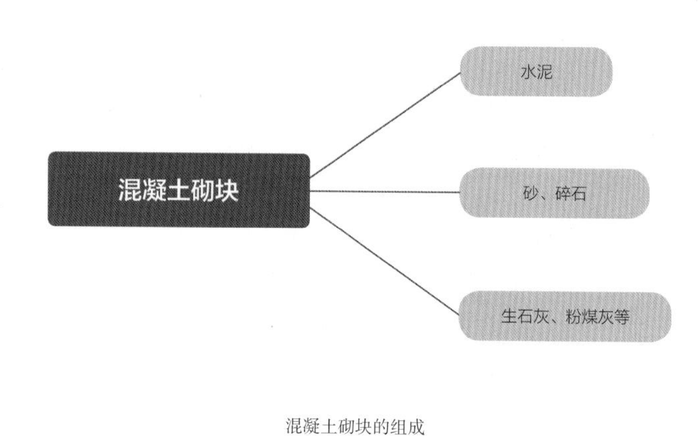

混凝土砌块的组成

1. 材料特点

物理性能特点：混凝土砌块是指由混凝土浇筑而成的砌块。尺寸小，便于铺设设计，既可用来制作隔墙，也可用于室内装修。除了常见的混凝土色外，还有彩色的砌块，以及表面刻有条纹的类型。可分为混凝土砌块和加气混凝土砌块两类，前者可制作承重墙，后者适合制作填充墙，是一种轻质多孔、保温隔热、防火性能良好、可钉、可锯、可刨且具有一定抗震能力的建材。

原料分层特点：混凝土砌块的主要原料为水泥，添加砂、碎石、生石灰、粉煤灰等制成，是轻质一体式建筑材料。从施工角度来说，可分为主体和黏结层两部分。

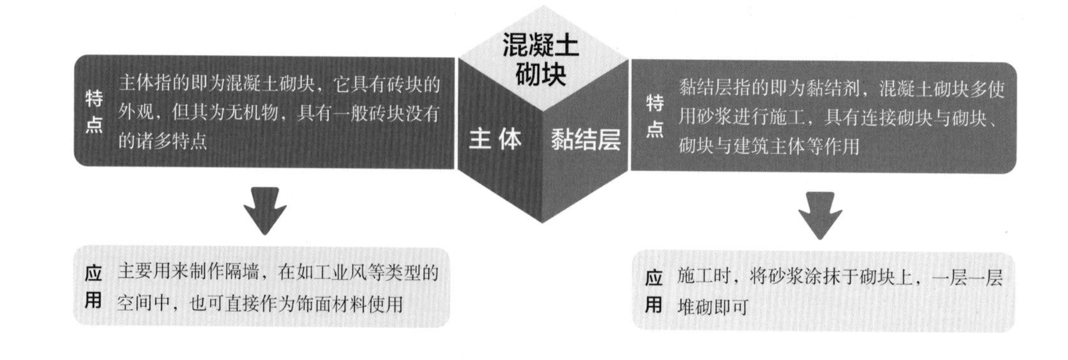

2. 施工形式

混凝土砌块墙的施工方式为砌筑，施工时应注意上下皮砌块的竖向灰缝应相互错开，相互错开长度宜为 300mm，并不小于 150mm。如不能满足时，应在水平灰缝设置 2 ϕ 6mm 的拉结钢筋或 ϕ 4mm 钢筋网片，拉结钢筋或钢筋网片的长度不应小于 700mm。砌块墙的灰缝应横平竖直，砂浆饱满，水平灰缝砂浆饱满度不应小于 90%；竖向灰缝砂浆饱满度不应小于 80%。水平灰缝厚度和竖向灰缝宽度不应超过 15mm。

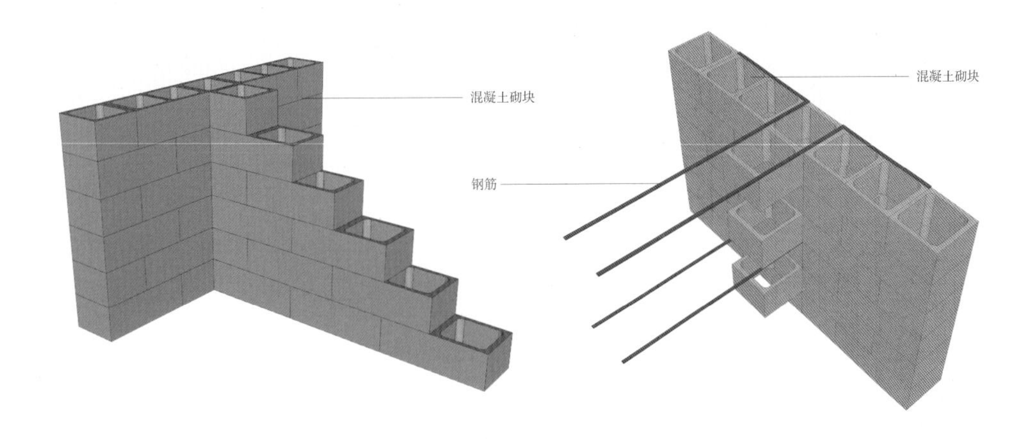

斜槎和阴阳槎施工分层图

砌筑施工

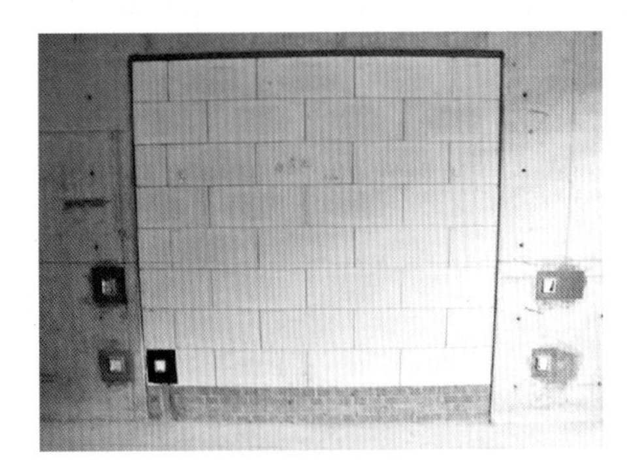

完成效果

小贴士

施工注意事项

①在混凝土砌块砌筑前，应根据建筑物的平面、立面图绘制砌块排列图。

②砌筑砂浆宜选用黏结性能良好的专用砂浆，其强度等级应不小于 M5，砂浆应具有良好的保水性，可在砂浆中掺入无机或有机塑化剂。

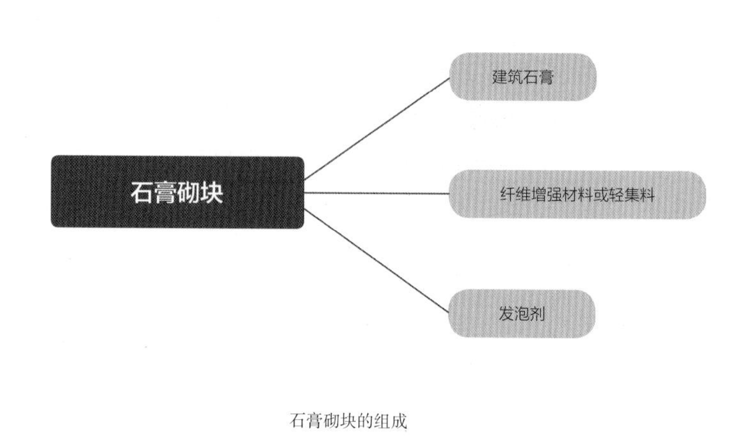

石膏砌块的组成

1. 材料特点

物理性能特点：石膏砌块是一种轻质建筑材料，也是一种低碳环保、健康、符合时代发展要求的新型墙体材料。其耐火性好，耐火极限达 3h 以上；可调节室内空气湿度且隔音；原料、生产、施工、使用、废弃物回收上均不污染环境；施工速度快、效率高，加工性好，可锯、可刨、可钉挂。制成轻体墙后面层平整，两面无须再抹灰，可增加建筑的净空面积。

原料分层特点：石膏砌块是以建筑石膏为主要原材料，经加水搅拌、浇注成型和干燥制成的石膏制品。在生产制造的过程中，还允许加入纤维增强材料或轻集料，也可加入发泡剂。从施工角度来说，可分为主体和黏结层两部分。

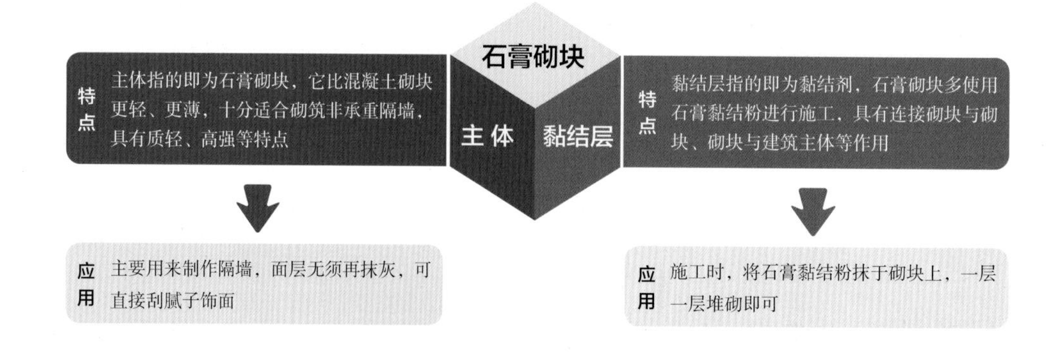

2. 施工形式

石膏砌块墙砌筑前，先按隔墙长度方向摆块，最后的位置不足一块时，可将砌块锯切成需要的规格。石膏砌块采取自下而上阶梯形式的砌筑方法，周围的企口吻接精确，错缝砌筑。砌筑时，砌块的长度方向与墙平行，榫槽向下。石膏砌块墙的水平和竖向黏结缝应横平、竖直，厚薄均匀，密实饱满。石膏砌块墙的转角及纵横墙交接处，砌块应相互搭接。石膏砌块墙体砌筑完毕后，应用石膏腻子将缺损和空洞补平。

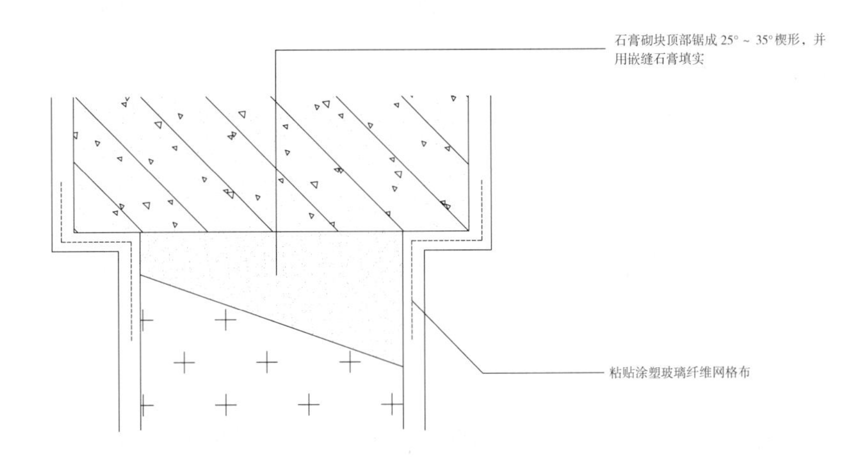

与混凝土梁刚性连接施工分层图

隔墙砌筑完成

面层无须抹灰可直接刮腻子

小贴士

施工注意事项

①为保证石膏砌块墙体的刚度，防止裂缝，要做好石膏砌块隔墙与主墙体、顶棚、地面（或墙垫）、梁、柱之间的连接。可在这些连接处设一道玻璃纤维网格布，宽度≥400 mm。必要时也可再满铺玻璃纤维网格布一道。

②石膏砌块砌筑应使用石膏黏结粉，调制量从加水时算起，40 ~ 60min 硬化后不再使用。

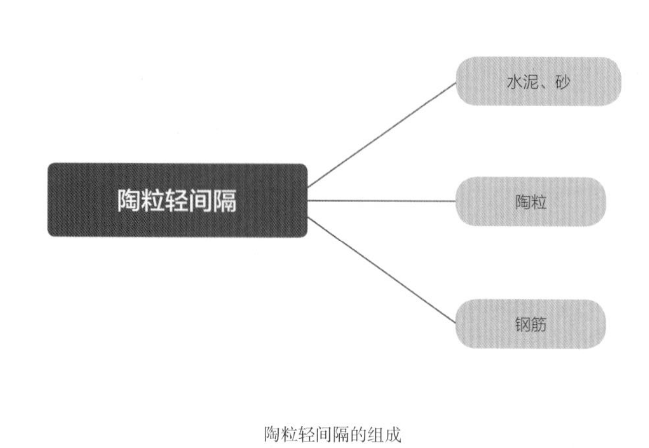

陶粒轻间隔的组成

1. 材料特点

物理性能特点：陶粒轻间隔也叫作陶瓷钢筋混凝土、实心筋网陶粒墙板，简称 CFC 预铸板，它兼具防火和隔音的功效，且可回收利用。以陶粒轻间隔做轻体隔墙，可使隔墙具备防火、隔音、防潮和抗高压等优点，不仅可回收再利用，更能直接上坯土粘贴瓷砖，或表层上漆料，实用性强。但它表层有细孔，因此不防水，若用作浴室间隔，必须在表层漆上刷防水涂料。

原料分层特点：陶粒轻间隔是采用质地轻的进口陶粒、水泥、砂和钢筋铸成的一体式轻质墙体材料。从施工角度来说，可分为主体和黏结层两部分。

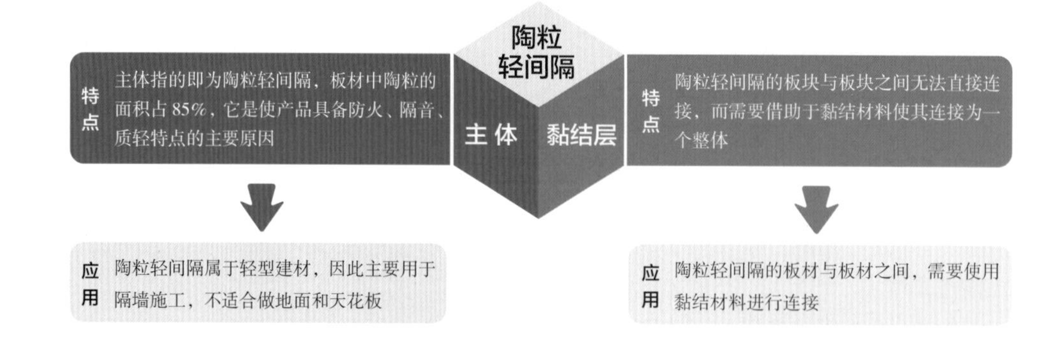

2. 施工形式

陶粒轻间隔和传统砖造间隔施工的不同之处在于采用干式施工，接缝处以砂浆灌浆灌缝方式结合成完整墙体，施工便利且干爽，同时减少了出现裂纹的概率，确保了墙体的整体质量。其表面是切割面，平整度和石材相当，墙面无须再处理，更可直接粘贴瓷砖、壁纸装饰墙面。但因为表层有细小孔隙，若要上漆，可先刷上一层水泥浆，再刷上油漆。

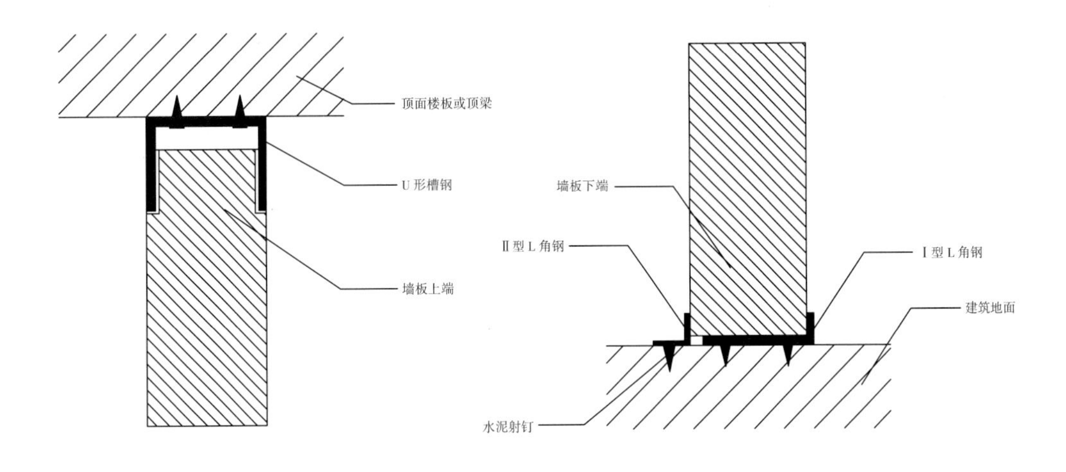

施工分层图

板材侧面带有凸起和凹槽

施工完成

小贴士

陶粒轻间隔墙可正常埋管线

陶粒轻间隔墙属于实心墙，若不刻意用重物敲击或用电钻钻孔，则不会变形，在其上进行切割、挖槽或埋管皆可。陶粒轻间隔墙也具有承受重物的特性，可直接钉铁钉或钢钉，承载质量大约为 600kg。

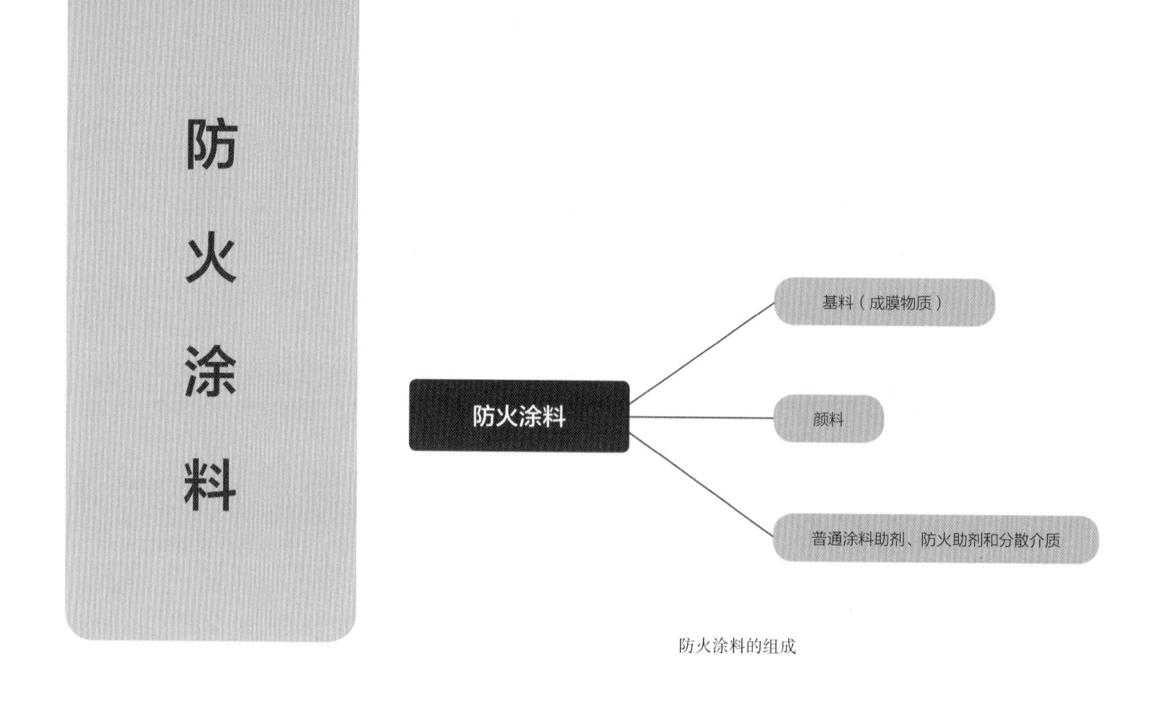

防火涂料的组成

1. 材料特点

物理性能特点：将涂料刷在那些易燃材料的表面后，可提高材料的耐火能力，减缓火焰蔓延传播速度，或在一定时间内能阻止燃烧，此类涂料即为防火涂料，也叫作阻燃涂料。防火涂料本身具有难燃性或不燃性，使被保护基材不直接与空气接触，延迟物体着火和减慢燃烧速度。

原料分层特点：防火涂料的种类较多，不同种类的组成成分是不同的。总体来说，其成分包括基料（成膜物质）、颜料、普通涂料助剂、防火助剂和分散介质等部分。除防火助剂外，其他涂料组分在涂料中的作用与在普通涂料中的作用一样，但是在性能和用量上有的具有特殊要求。从施工角度来说，都可分为面层和基层两部分。

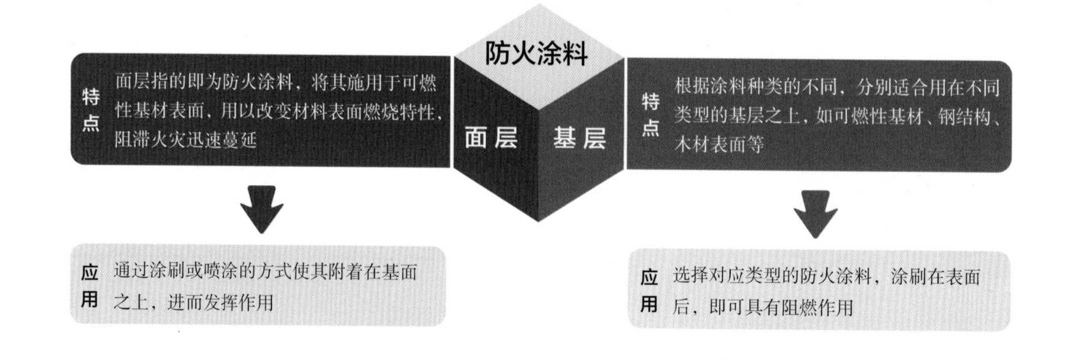

2. 材料分类

防火涂料种类很多，但是按照防火涂料的使用对象以及防火涂料的涂层厚度来看，一般分为饰面型涂料和钢结构防火涂料。

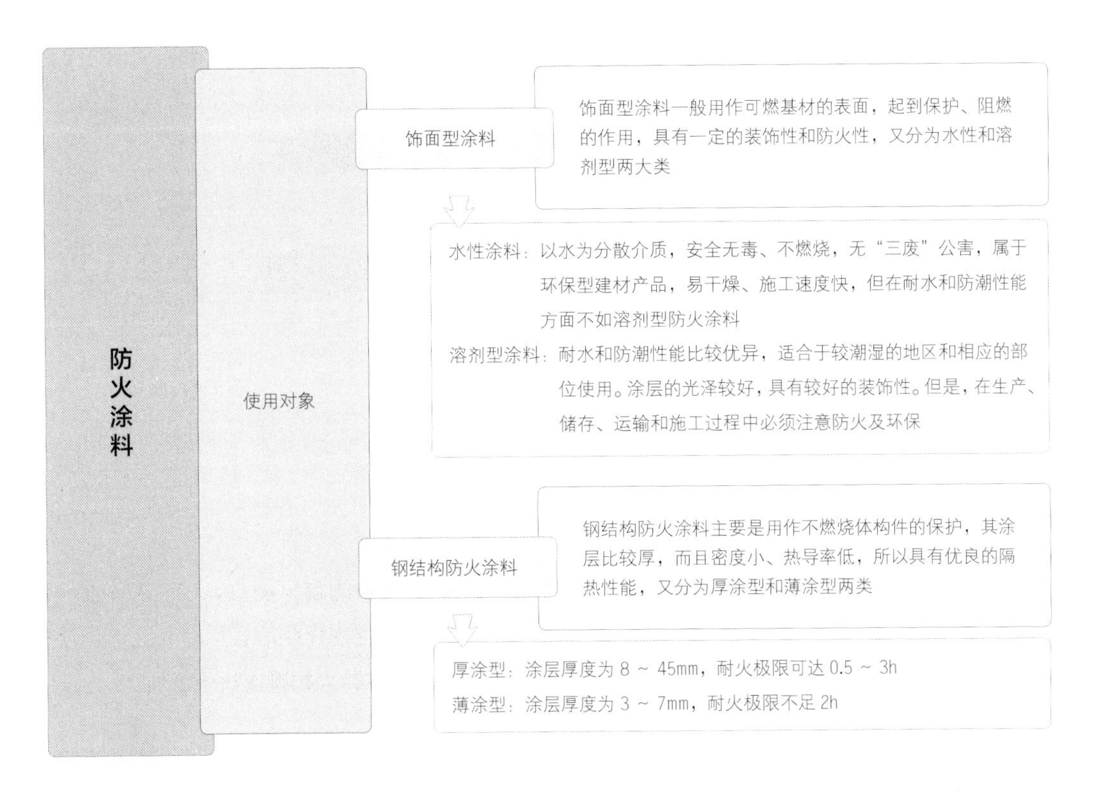

3. 施工形式

防火涂料的施工工艺可选择刷涂、喷涂或滚涂，涂刷均匀即可。需注意刷涂的方向应一致，切勿交叉或反复涂刷。施工前必须对基层进行清理，除去灰、油污、浮漆等杂物。木材基层应达到自然干燥状态。涂料一般涂两层，必要时可涂三层，或盖光一遍，涂完第一层，自然干燥后便可进行下一层施工。

木龙骨涂刷防火涂料

混凝土墙面涂刷防火涂料

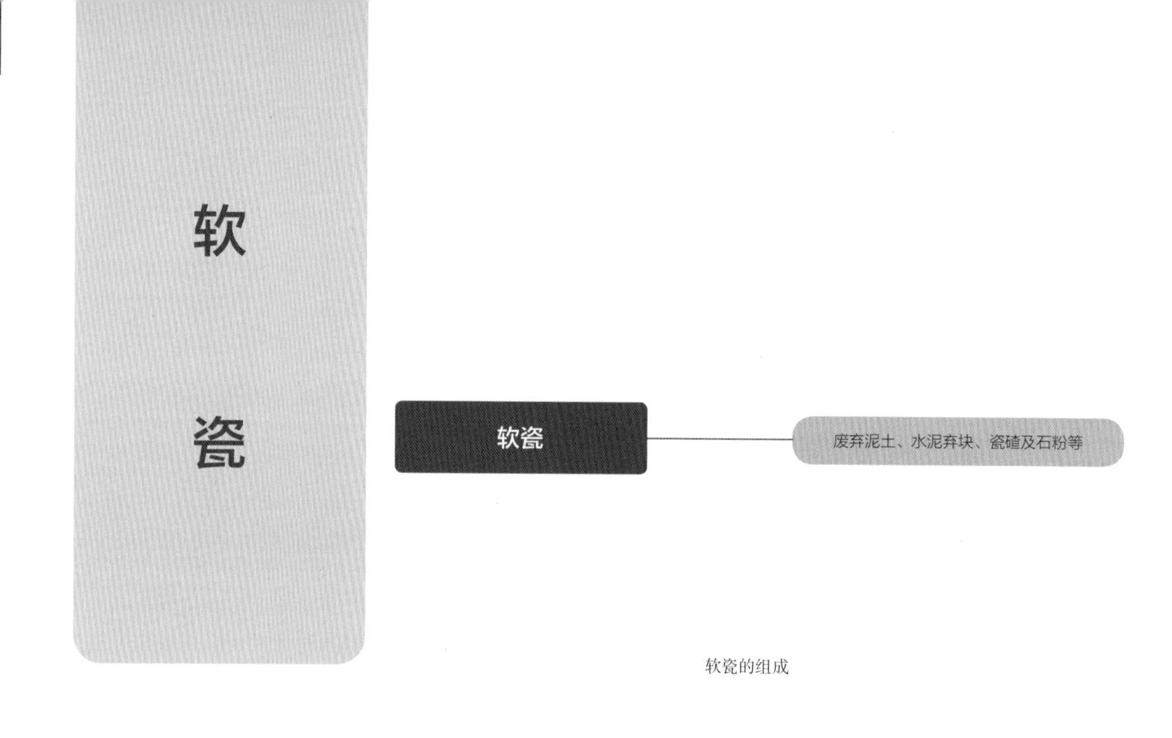

软瓷的组成

1. 材料特点

物理性能特点：软瓷，全称为 MCM 建筑饰面片材，不是真正的陶瓷材料，也不是瓷砖，而是一种新型的建筑装饰材料。因为刚面世时，具有瓷砖的外观效果，因此俗称为软瓷。它是国家 A 级防火柔性材料，质地柔、延展性好、抗震防裂，厚度仅为 2 ~ 4mm，节省空间，且表现力强，可制成各种天然石材、木纹、陶瓷砖、面砖、金属、皮纹等纹理，还可抗污自洁。

原料分层特点：软瓷是由改性泥土（MCM）制成的一体式片材。普通城建废弃泥土、水泥弃块、瓷碴及石粉等无机物都可以成为 MCM 的制作原料，由其制成的软瓷可回收再生，或通过物化机械处理还原泥土本质，回归耕种，十分环保。从施工角度来说，可分为饰面层和黏结层两部分。

2. 材料分类

软瓷根据使用部位的不同可分为软瓷外墙装饰材料、软瓷内墙装饰材料、软瓷室内外地板、卫浴柔性砖四类。

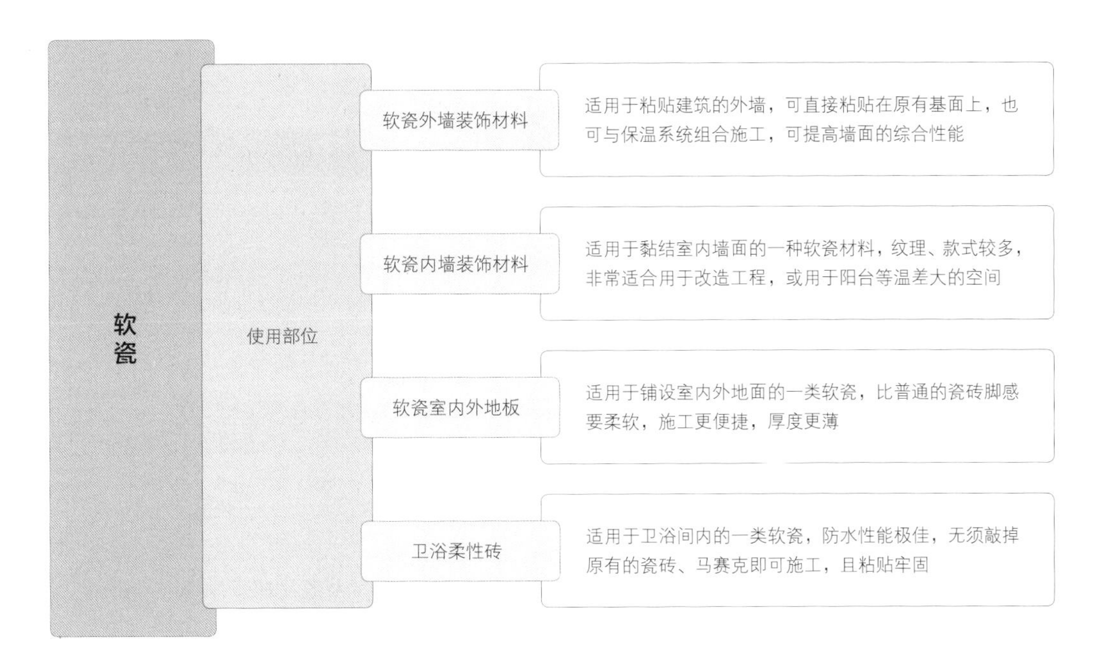

3. 施工形式

软瓷的施工方式为黏结，其施工步骤为：粘贴基层处理及验收→试排→弹线→粘贴→勾缝→检查→修整→清洁。

粘贴时，在产品背后刮浆，满浆率在 80% 以上，并拉出锯齿纹路。而后用双手挪压产品，调整缝宽，用胶板拍打，严禁用手指按压。粘贴完成后，用塑料袋装填缝浆填缝，或用硅酮（聚硅氧烷）胶填缝，填缝剂半干时，用钢筋条拉凹缝。被胶黏剂和填缝剂污染的地方，需用批刀刮除。填缝处理完成后，用干海绵除灰，清洁干净即完成施工。

可用不同色彩的产品组合来装饰背景墙，具有类似砖墙的效果

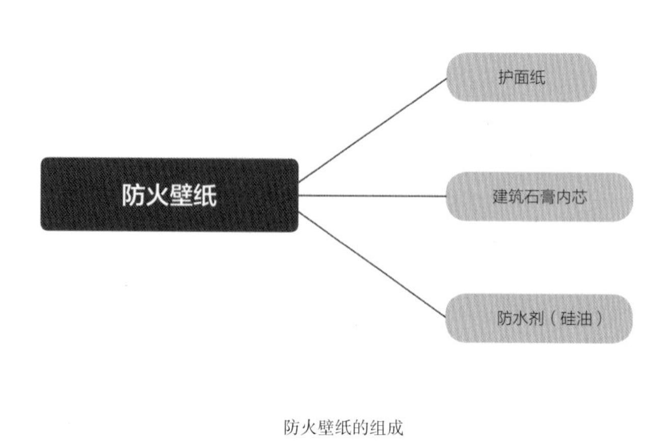

防火壁纸的组成

1. 材料特点

物理性能特点：防火壁纸与普通类型的壁纸相比，最大的特点是其防火性极佳，且防霉，适合用在对防火性能要求较高的室内空间中。防火壁纸根据适用场所的不同其防火等级也不同，民用壁纸的防火等级要求相对较低，各种公共环境的壁纸防火等级要求相对较高，而且要求壁纸燃烧后没有有毒气体产生。它主要适用于干燥、不易通风的地方。

原料分层特点：防火壁纸以 100 ~ 200g/m^2 的石棉纸作基材，同时在壁纸面层的 PVC 涂塑材料中掺入阻燃剂，而使壁纸具有一定的防火阻燃性能，是防火材料中装饰性较强的一类饰面材料。从施工角度来说，可分为饰面层和黏结层两部分。

2. 材料分类

防火壁纸根据防火处理方式的不同，可分为表面防火壁纸和全面防火壁纸两种类型。

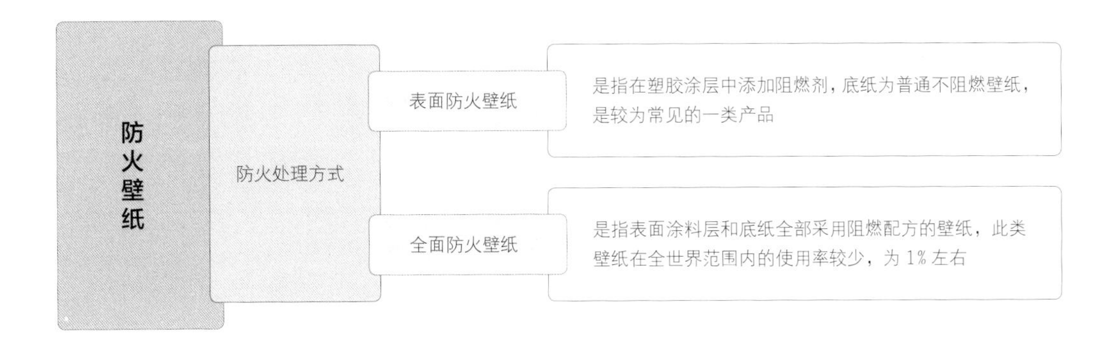

3. 施工形式

防火壁纸的施工工艺与普通的装饰性壁纸是相同的，都需要依靠胶黏剂来黏结。根据壁纸花纹类型的不同，从施工形式上来说，可分为对花铺贴和非对花铺贴两种。

其具体施工步骤为：基层处理→划线→裁纸→闷水→刷胶→粘贴→接缝处理→清洁表面。在粘贴这一步，如果壁纸需要对花，需根据对花的形式来选择相应的对接方式，平行花纹需水平相对，错花花纹则需交错相对，即张数为单数的墙纸花纹相同，张数为双数的墙纸花纹相同。

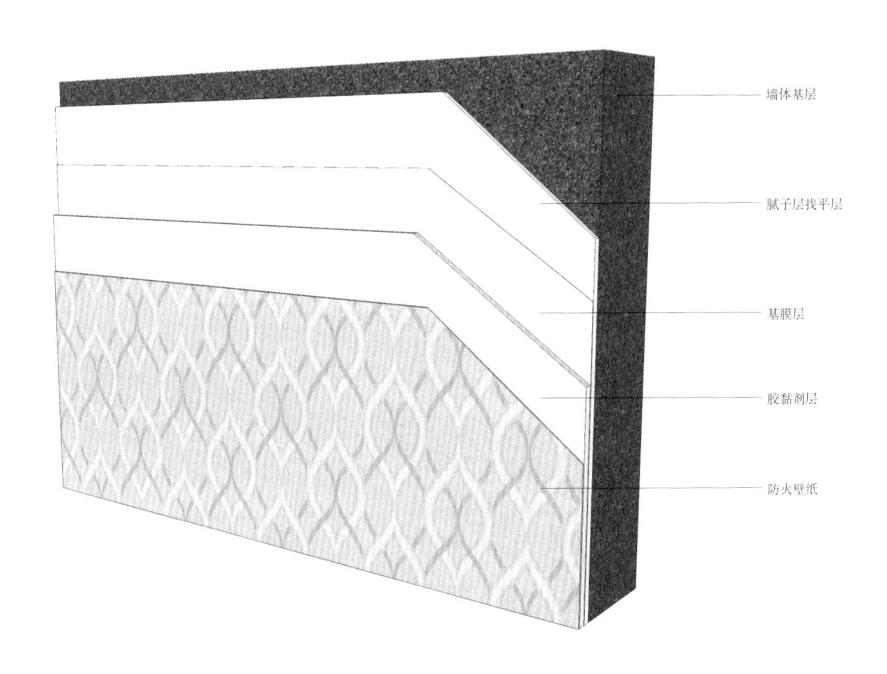

施工分层图

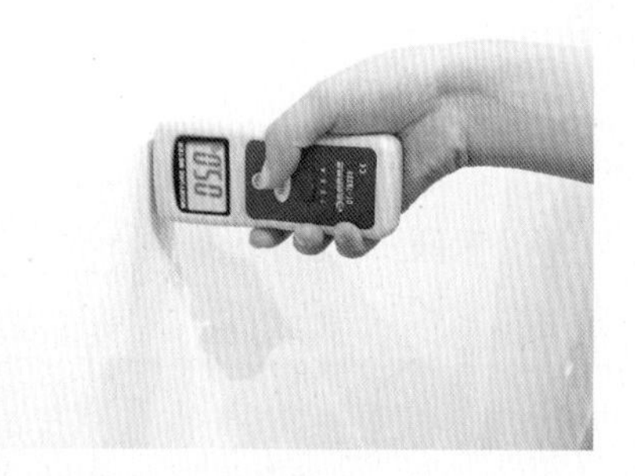
墙面检测

涂刷基膜

裁切壁纸

壁纸背面涂刷胶黏剂

粘贴壁纸

电器插座较多的背景墙，非常适合使用防火壁纸

小贴士

施工注意事项

①基层处理是直接影响墙面装饰效果的关键，应认真做好处理工作。对各种墙面总的要求是：平整、清洁、干燥，颜色均匀一致，应无空隙、凸凹不平等缺陷。

②基层处理并待其干燥后，表面满涂基膜一遍，要求薄而均匀，减少因不均匀而引起纸面起胶的现象。